电子信息前沿技术丛书

- 国家自然科学基金项目“基于区块多链的边缘物联网可搜索跨域访问模型”
- **云南省万人计划青年拔尖人才计划项目**
- 云南省应用基础研究计划面上项目“基于区块链的物联网边缘节点访问控制模型研究”
- 云南省教育厅科学研究基金项目“面向远程移动健康监测应用的6LoWPAN网络拥塞控制机制研究”

动态网络可靠传输技术

王 敏 袁凌云 著

清華大學出版社
北 京

内 容 简 介

本书从作者团队当前正在开展的研究出发，介绍网络可靠传输研究领域的关键技术和研究成果。从网络可靠传输协议主要研究和解决的问题及其在动态的网络环境中面临的挑战展开，重点针对带宽受限网络的拥塞问题、广域网中路由过度缓存问题、数据中心网络中的Incast问题、5G毫米波通信中的高动态适应性问题以及可靠传输机制的自适应问题进行研究，给出高效的网络传输机制和方法，为广大读者进行系统学习和深入研究提供参考。

本书可作为高等院校计算机科学与技术、网络工程、物联网工程等专业本科生和研究生的选修教材或参考书，互联网技术研究与开发人员也可通过本书进一步了解网络传输技术。

图书在版编目（CIP）数据

动态网络可靠传输技术/王敏，袁凌云著. —北京：清华大学出版社，2022.9
（电子信息前沿技术丛书）
ISBN 978-7-302-61434-0

Ⅰ. ①动… Ⅱ. ①王… ②袁… Ⅲ. ①计算机网络 Ⅳ. ①TP393

中国版本图书馆CIP数据核字(2022)第136441号

责任编辑：文 怡
封面设计：王昭红
责任校对：韩天竹
责任印制：刘海龙

出版发行：清华大学出版社
网 址：http://www.tup.com.cn，http://www.wqbook.com
地 址：北京清华大学学研大厦A座 **邮 编**：100084
社 总 机：010-83470000 **邮 购**：010-62786544
投稿与读者服务：010-62776969，c-service@tup.tsinghua.edu.cn
质量反馈：010-62772015，zhiliang@tup.tsinghua.edu.cn
课件下载：http://www.tup.com.cn，010-83470236
印 装 者：北京鑫海金澳胶印有限公司
经 销：全国新华书店
开 本：185mm×260mm **印 张**：9.25 **字 数**：228千字
版 次：2022年10月第1版 **印 次**：2022年10月第1次印刷
印 数：1～1500
定 价：49.00元

产品编号：098101-01

前言

FOREWORD

党的十八届五中全会通过的《中共中央关于制定国民经济和社会发展第十三个五年规划的建议》中明确提出实施网络强国战略以及与之密切相关的"互联网＋"行动计划。党的十九届五中全会通过的《中共中央关于制定国民经济和社会发展第十四个五年规划和二〇三五年远景目标的建议》中也提出，坚定不移建设制造强国、质量强国、网络强国、数字中国，推进产业基础高级化、产业链现代化，提高经济质量效益和核心竞争力。从全球范围看，信息化、网络化对经济、政治、文化、社会等各领域的渗透趋势越来越明显，成为推动经济社会转型、实现可持续发展、提升国家综合竞争力的强大动力。

作为网络强国战略的一部分，互联网传输技术也持续受到关注。当前，全球进入5G时代，5G技术已成为大国博弈的焦点。我国高度重视5G技术的发展，并在5G技术标准、产品研发等方面确立了竞争优势，为网络强国建设提供了重要的战略机遇。传统IP网络主要使用传输层的传输控制协议（TCP）和用户数据报协议（UDP）传输数据，有研究显示，目前互联网中80%的数据流仍然是依靠TCP实现可靠传输的。因此，TCP的性能在很大程度上决定了互联网的传输性能。

随着计算机网络通信技术的快速发展以及网络用户的激增，新的链路技术和网络应用层出不穷，人们获取信息的方式更加多样，获取信息的途径更加便捷。基于不同链路技术构建的网络类型多种多样，这些网络中的设备性能各异。同时互联网新技术的应用场景不断丰富，各种新兴的网络应用不断涌现，网络传输的数据愈加多样化。网络数据多样化和低层设备差异化的特性，为高效的可靠传输协议的设计带来了挑战。

为了有效利用网络带宽资源，国内外研究者们针对不同网络环境的特点设计了不同的TCP改进版本，用于解决传统TCP传输协议面临的各类问题，例如带宽受限网络易产生的拥塞问题、广域网中路由过度缓存问题、数据中心网络中的Incast问题以及5G网络中的带宽和时延适应性问题，但这些协议仍然不能很好地适应动态网络的特性，在网络带宽利用率、时延、丢包率等方面性能的提升仍然十分有限，无法满足当前动态网络中用户对传输性能的需求。

作者所在团队一直从事网络传输协议的研究，有一定的研究积累。因此我们撰写此书，希望将团队近几年的研究成果呈现出来，为需要了解和深入研究这一领域的学者提供有益的参考。

本书以可靠传输技术为中心，围绕影响动态网络传输性能的核心问题展开，包括带宽受限网络的拥塞问题、广域网中路由过度缓存问题、数据中心网络中的Incast问题、5G毫米波通信下的动态拥塞控制以及可靠传输机制的自适应问题。

本书在撰写过程中得到研究团队的通力协作，同时在撰写过程中，作者查阅了大量同行公开的研究资料，在此特别表示感谢。

本书从筹备至今，经历了多次修改和更新，即便如此，由于技术的飞速发展和作者知识的局限性，书中难免存在不足，希望读者不吝赐教，促进我们不断进步和提升。

王 敏

2022 年 8 月于昆明

目录

CONTENTS

第1章

网络可靠传输协议

传统 IP 网络主要使用传输层的传输控制协议(transmission control protocol,TCP)[1]和用户数据报协议(user datagram protocol,UDP)[2]传输数据,其中 TCP 在不可靠的网络层协议基础上为应用层提供可靠的面向连接的端到端数据流传输服务,UDP 为应用程序提供无须建立连接就可以发送封装的 IP 数据包的方法。

除了 TCP 外,流控制传输协议(stream control transmission protocol,SCTP)[3]也提供可靠传输服务,但它是针对互联网上实时多媒体流传输等应用而提出的,强调的是在互联网中数据传输的实时性。此外,由于采用 UDP 传输速率很快,也有研究人员在 UDP 的基础上增加可靠性保证机制,提出了一些基于 UDP 的改进协议,这些改进协议通常是将数据信息和控制信息分开传输,采用 UDP 传输数据,用 TCP 传输控制信息,如 RBUDP(reliable blast UDP)[4]、UDT(UDP-based data transfer protocol)[5]、UDPLite(lightweight UDP)[6]、QUIC[7]等。基于 UDP 的传输协议在 TCP 和 UDP 等传输层协议之上,在使用中需要对应用程序进行修改,极大地限制了这些传输协议的使用。

目前互联网的绝大部分应用仍然是依靠 TCP 来实现网络中数据的可靠传输,包括万维网(world wide web,WWW)、即时通信工具、电子邮件以及 P2P 文件共享等。因此,TCP 的性能在很大程度上决定了互联网的传输性能。随着网络设备和通信的发展,新的链路技术和网络应用不断涌现,这些网络技术和应用的出现导致网络用户(特别是移动通信用户)急剧增加,互联网流量呈爆炸式增长,网络变得越来越拥塞,网络环境也变得越来越复杂。TCP 正面临更多新的挑战,如何设计出适用于动态网络特性的、高效的可靠传输协议仍然是网络研究领域关注的热点问题之一。

本章首先介绍可靠传输协议的基本机制,然后基于动态网络环境的特点分析可靠传输协议在动态网络中的适应性问题,给出动态网络中可靠传输协议研究的目标,之后总结可靠传输协议的研究现状,最后指出可靠传输协议面临的挑战和进一步的研究方向。

1.1 可靠传输协议概述

TCP 为上层应用提供面向连接、可靠的字节流服务,能够承载各种面向连接的应用层协议，如文件传输协议(FTP)、简单邮件传输协议(SMTP)、超文本传输协议(HTTP)以及虚拟终端服务(Telnet)等。

1.1.1 可靠传输协议主要机制

TCP包括连接建立、数据传输和连接释放三个阶段。在开始传输数据前，TCP会以三次握手的方式在两个TCP传输实体间建立连接。当所有数据传输完毕，通过四次挥手终止连接。在数据传输的过程中，TCP采用各种各样的机制来保证数据的可靠传输，包括序列号、确认号、滑动窗口、校验和以及重传机制[8-10]。此处仅概述TCP的主要机制。

1. 流量控制机制

流量控制是指TCP需要控制发送端的发送速率，让接收端有足够的缓存接收。TCP利用滑动窗口机制实施流量控制。首先，发送端在传输数据前会将所有数据存入缓存中，并为每个缓存的字节分配一个同步序列编号(synchronize sequence number，SYN)。缓存的数据中连续的数据块被封装为一个TCP数据段，这个数据段包含它所封装的第1字节的序列号。然后，封装好的一部分(滑动窗口大小)数据段通过IP传输到接收端。只要发送端收到对至少一个已发送数据包的确认，它就继续传输新的一部分数据包(即窗口沿着发送端的缓存滑动)。最后，发送端会保留未被确认的数据块，直到收到接收端对这个数据块的确认。

每个数据段的大小受到所在网络的最大传输单元(maximum transmission unit，MTU)大小的限制。为了能够在每个数据段中封装尽可能多的数据，TCP利用路径MTU发现(path MTU discovery)来探测某条网络路径上所使用的MTU大小，从而确定数据段中封装的数据量[11]。

2. 确认机制

为了确认已传递的数据，接收端会构造一个确认包(acknowledgement，ACK)，ACK中可能包含一个序列号或几对序列号，前者是累计确认ACK，表明接收端已经收到在这个序列号之前的所有数据包。后者是选择确认(selective acknowledgement，SACK)[12]，是在TCP引入15年后出现的一个TCP扩展标准，利用成对的序列号表示已收到的数据包对应的序列号范围。在对TCP的进一步扩展中，还增加了否定确认(negative acknowledgement，NAK)[13]，其中包含未收到包的序列号。

3. 差错控制机制

TCP应该能够尽快从丢包事件中恢复出来。也就是说，分组传输和丢包探测之间间隔的时间越短，TCP就能越快恢复。但是这个间隔不能太短，否则发送端可能会过早地探测丢失，造成不必要的重传。这种过激反应会造成网络资源的浪费，甚至导致网络严重拥塞。为了能尽快发现数据段丢失并进行重传，TCP采用一些启发式的方法探测丢包并进行重传，即一旦收到3个重复ACK，TCP就认为发生了丢包，然后重传一个数据段，同时为此后发送的每个新分组设置一个重传定时器。如果定时器超时前发送端未收到对数据段的确认，TCP就会对这个数据段进行再次重传，即超时重传[14]。

4. 拥塞控制机制

虽然基于滑动窗口的流量控制相对简单，但它在使用过程中也存在几个矛盾问题。例如，一方面，TCP流的吞吐率期望最大，这就要求滑动窗口也必须最大。另一方面，如果滑动窗口太大，就很可能超出网络和接收端的资源限制，即发生网络拥塞，从而丢包。因此，需要通过拥塞控制，为滑动窗口找到一个最优值（即拥塞窗口）。也就是要在感知网络资源使用情况的同时，有效利用可用的资源。拥塞控制是 TCP 的关键部分，良好的拥塞控制机制可以有效地增强 TCP 性能。

TCP 最早由斯坦福大学的两名研究人员于 1973 年提出，早期的 TCP 中没有拥塞控制，直到 1986 年由于拥塞导致网络瘫痪，拥塞控制被引入 TCP 中并成为 TCP 的核心。拥塞算法主要是计算和调整接收窗口、发送窗口、拥塞窗口的大小，从而控制传输速度，既充分利用带宽，又避免网络出现拥塞导致丢包。最早的拥塞控制算法是 Tahoe[15]，采用慢启动、拥塞避免、快速恢复的算法使拥塞窗口在发生拥塞时迅速减为 1，慢启动门限值变为原来的一半，有效避免网络拥塞，但同时传输性能也大大下降。

TCP Reno[16]的出现解决了这一问题。TCP Reno 拥塞控制算法是 Jacobson 于 1990 年提出的，该算法在 Tahoe 基础上几经改进，最终演进为有效解决网络拥塞控制的拥塞控制算法，至今仍被广泛应用。TCP Reno 拥塞控制算法主要由四个核心部分组成：慢启动阶段、拥塞避免阶段、快速重传阶段和快速恢复阶段。在慢启动阶段，每接收到一个 ACK，Reno 就将拥塞窗口增加一个数据包，即每一个往返时延（round trip time，RTT）内，拥塞窗口翻一倍，拥塞窗口呈指数方式增长。为防止拥塞控制窗口无限增长引起网络拥塞，慢启动增长方式受限于慢启动阈值 ssthresh，当拥塞窗口小于该阈值时，采用慢启动方式；否则，启动拥塞避免算法。Reno 在拥塞避免阶段采用加性增乘性减（additive increase multiplicative decrease，AIMD）的增长方式，发送端每收到一个 ACK 时，拥塞窗口增加 1/cwnd，即每个 RTT 拥塞窗口增长 1；当发送端收到 3 个重复 ACK 时，认为网络拥塞发生，此时拥塞窗口减半并继续执行拥塞避免；如果出现重传超时，认为网络极度拥塞，拥塞窗口降为 1，并重新进入慢启动阶段。在快速重传阶段，发送端收到 3 个重复 ACK 后，立即进行重传并进行拥塞控制，而不必等待计时器超时，从而加快了对丢包事件的反应。快速恢复算法是和快速重传配合使用的控制算法。收到 3 个重复 ACK 时，快速恢复算法将拥塞窗口减半并赋值慢启动阈值，然后按照数据包守恒原理，将拥塞窗口加 3 后，进入拥塞避免阶段；而重传超时时，拥塞窗口重置为 1，同时进入慢启动阶段。TCP Reno 的性能比 TCP Tahoe 有了大幅提升，但是 TCP Reno 在有多个分组在同一个窗口丢失时，依然存在性能问题。

TCP NewReno[17]和 TCP SACK[18]两个 TCP 版本是对 TCP Reno 的改进，其中 TCP NewReno 在同一窗口内发生多包丢失时并不因为部分确认（partial ACK）而多次退出快速恢复，而是等所有丢失的分组都重传完毕后才退出快速恢复过程。TCP SACK 在 TCP Reno 的基础上进行扩展，使用选择确认策略对数据包进行有选择的确认和重传，使用 ACK 中的 SACK 域通知发送端哪个包丢了、哪个需要重传，SACK 块记录了接收端收到或缓存的非连续分组，等所有需要重传的数据包都重传完毕后退出快速恢复过程。这两个 TCP 版本在有多个分组在同一个窗口丢失的情况下显示出较高的传输性能。Linux 系统在 2.6.8 版本之前使用的是 Reno/NewReno。

1.1.2　可靠传输协议性能评价指标

为了评价可靠传输协议的性能，研究者提出了相应的评价指标[19]。其中，一些指标是针对网络的总体流量来考虑，即考虑网络中的流对其他竞争流的影响，如公平性；另一些指标是针对各个传输协议设计的不同目标来考虑，如吞吐率、时延等。

目前可靠传输协议常用的评价指标主要包括如下。

1. 吞吐率

吞吐率是指单位时间内链路上传输的数据量,它刻画了网络链路带宽的利用情况。它可以表示所有连接对带宽的总体利用率,也可以表示单条流对带宽的利用率。对链路带宽的利用率是衡量可靠传输协议是否有效的重要指标。

2. 时延

对于一些对时延敏感的应用,可靠传输协议的设计和评价需要考虑时延方面的性能。时延可以表现为路由器中的排队时间,也可以表现为每个分组传输所需要的时间。

3. 丢包率

大量的丢包会导致大量重传,从而造成网络资源的浪费。因此,丢包率也成为评价协议性能的指标之一。丢包率是指丢包数占传输分组总数的比例,比例越低,说明浪费的网络资源越少。

4. 吞吐率或时延的抖动性

吞吐率或时延的抖动性刻画了网络的稳定性,网络的稳定性是协议能够有效、公平实现的前提。这里的稳定是指状态变量随着时间的增长逐渐趋于某种平衡状态,或者在受到干扰或破坏之后,能够迅速恢复到平衡状态。

5. 公平性

公平性主要用于评价使用同一协议或不同协议的多条流共存于网络中时,是否能公平共享网络资源。目前常用的公平性评价方法有最大-最小公平性[20]、比例公平性[21]以及公平性索引[22]。

6. 流完成时间

前面定义的几个性能指标主要是针对协议的操作者而言,而流完成时间是针对用户而言,它是指完成一条 TCP 流所需要的传输时间。用户通常希望自己的数据流能够尽快完成传输,因此流完成时间成为一个重要的性能指标。

上述各种性能评价指标之间存在着各种矛盾,很难权衡,可靠传输协议也很难同时满足多个性能指标的要求。因此,用户需要在各种性能指标之间寻求最佳折中方案。

1.2 动态网络环境对可靠传输协议性能的影响

1.2.1 动态网络环境概述

过去几十年间,计算机网络以及通信技术迅猛发展,为人类的生产和生活方式带来了革命性的变化。各种新的链路技术和网络应用不断涌现,迄今为止已相继出现了带宽受限的无线网络,长时延的卫星网络,高带宽、低时延的数据中心网络,能量受限的传感器网络,高带宽时延积网络以及高带宽、低时延、高动态的 5G 毫米波通信网络。同时新兴的网络应用如分布式计算、微博、微信、社交网络以及视频/照片/音频共享等应用纷纷出现,同时随着 5G 网络的部署,面向个人和行业的新型移动应用也迅速发展,包括无人驾驶、VR 游戏、超高清视频等。这些网络技术和应用的出现使得网络环境变得越来越复杂,更加呈现出动态、异构化的发展趋势。

1. 网络构成复杂化

随着网络技术的发展，特别是新的链路技术的出现，互联网中涌现出了越来越多新的网络类型。

1）高带宽时延积网络

在信息全球化的今天，越来越多的服务内容需要跨洲进行传递，而这样的传输时延非常之大，通常超过5000km就会产生150ms的时延。同时，诸如海量科学数据传输及远程高清晰视频传输等应用具有巨大的带宽需求，因此，高带宽时延积网络是最近几年互联网发展的趋势之一[23-25]。这种网络具有高带宽、高时延和低丢包率等特点。

2）无线网络

随着网络技术不断发展，人类能够通过越来越多的技术接入互联网，无线通信技术就是其中之一。无线网络又分为蜂窝网络、无线局域网、无线广域网、无线自组网、无线个域网等。相对于有线网络而言，无线网络具有高移动性，通信范围不受环境条件的限制，拓宽了网络的传输范围，使用方便，因此大量用户通过无线网络接入并访问互联网数据。最近几年随着越来越多移动智能设备的广泛使用，无线网络用户数量和用户需求持续增加[26]，因此对无线网络带宽的需求以及数据传输性能也提出了更高的要求。5G网络是最新一代蜂窝移动通信技术，也是继4G/3G/2G系统之后的延伸。除了具有无线网络的特点，5G网络将会比以往的无线网络具有更高的带宽、更低的时延以及更强的动态性，这些特性为可靠传输协议的设计带来了挑战。

3）卫星通信网络

卫星通信网络以卫星作为中继站转发微波信号，在多个地面站之间实现通信。由于卫星工作于位于几百、几千、甚至上万千米高空的轨道上，因此覆盖范围远大于一般的移动通信系统[27]，能够实现偏远地区网络的互联，在地面网络毁坏时，也能够利用卫星链路恢复通信。但是由于传输距离远，信号传输时延大，影响了网络中数据的传输性能。

4）传感器网络

传感器网络是指由大量部署在作用区域内、具有无线通信和计算能力的传感器节点通过自组织的方式构成的，能完成指定任务的分布式智能化网络系统[28]。无线传感器网络在军用领域（如战场监测）和民用领域（如环境与生态监测、健康监护、森林火灾检测及交通控制等）都发挥着十分重要的作用。但由于其节点存储和计算能力有限，且不易更换电池，因此需要针对这些特点设计适用于传感器网络的可靠传输协议。

5）数据中心网络

近年来，随着企业信息技术的大规模合并以及亚马逊、微软和谷歌等云计算服务提供商的出现，大量数据中心网络被构建，数据中心网络改变了现有的计算模式。云数据中心负责传输各种各样的应用数据，这些数据中包含长数据流和短数据流，因此需要数据中心网络能够保证在较短时间内完成短数据流的传输，能够容忍高度突发的数据流，传输长数据流时能够保证对带宽的高利用率[29]。这些要求对数据中心网络可靠传输协议的设计提出了挑战。

随着互联网技术的不断发展，未来将会出现更多新的网络类型，例如近几年热门的太赫兹通信技术有望满足未来无线通信网络的超高带宽需求[30]。网络中多种链路技术（如有线、无线链路）并存，缓存大小不同的路由设备并存，且不同的网络具有不同的特点，复杂的网络构成将使传统的可靠传输协议不断面临新的挑战。

2. 网络应用多元化

新的网络技术的飞速发展促进了各种互联网应用规模的快速增长，同时也为新应用的出现和普及创造了条件。例如，高性能计算、高速网络、海量存储等信息技术的发展，为海量数据的分析、传输和存储创造了条件，E-Science 科研应用、HDTV 等大数据量应用因此得以发展[31]。越来越多的可用带宽和用户终端被用于传递和提交更有趣的内容。

一方面，网络技术的飞速发展使得网络底层的传输性能不断提升，从而促进了网络应用规模的快速增长。《思科互联网年度报告(2018—2023)》[32]对未来互联网的网络性能进行了分析，认为到 2023 年，固定宽带的速度将增加一倍以上，从 2018 年的 45.9Mbps 增至 110.4Mbps。移动(蜂窝)速度将增加 2 倍以上，2018 年移动网络平均连接速度为 13.2Mbps，到 2023 年将达到 43.9Mbps。5G 网速将比平均移动连接速度高出 13 倍，达到 575Mbps。移动设备的 Wi-Fi 速度将提高 2 倍，从 2018 年的 30.3Mbps 增长到 2023 年的 92Mbps。2018—2023 年，Wi-Fi 热点数量将增长 4 倍。全球公共 Wi-Fi 热点数量将从 2018 年的 1.69 亿个增加到近 6.28 亿个。2020—2023 年，Wi-Fi 热点将增长 13 倍，到 2023 年将占到所有公共 Wi-Fi 热点的 11%。

另一方面，随着网络应用规模的快速增长和各种新兴应用的不断涌现，网络用户规模迅速增加。《第 49 次中国互联网络发展状况统计报告》[33]显示，截至 2021 年 12 月，我国网民规模为 10.32 亿，较 2020 年 12 月新增网民 4296 万，相当于全球网民数的 1/5，互联网普及率达 73%，较 2020 年 12 月提升 2.6%。同时报告也指出，2021 年我国各类个人互联网应用的用户规模呈普遍增长态势。其中，在线医疗、在线办公的用户规模增长最为明显，较 2020 年 12 月分别增长 8308 万和 1.23 亿，增长率分别为 38.7%和 35.7%；网上外卖、网约车的用户规模分别较 2020 年 12 月增长 1.25 亿和 8733 万，增长率分别为 29.9%和 23.9%；在线旅行预订、互联网理财、网络直播、网络音乐等应用的用户规模增长率均在 10%以上。各类个人互联网应用用户规模如表 1.1 所示，可见一些原有的网络应用的用户仍占据网民的主体，同时新的网络应用的用户规模也在迅速增长，如近几年兴起的网络短视频用户已达到 9.34 亿，占网民整体数量的 90.5%。

表 1.1 2021 年网络应用的用户规模(截至 2021 年 12 月)

应用类型	用户规模	与 2020 年相比	占网民比例
即时通信	10.07 亿	增长 2555 万	97.5%
搜索引擎	8.29 亿	增长 5908 万	80.3%
网络新闻	7.71 亿	增长 2835 万	74.7%
在线办公	4.69 亿	增长 1.23 亿	45.4%
网络支付	9.04 亿	增长 4929 万	87.6%
网络购物	8.42 亿	增长 5968 万	81.6%
网上外卖	5.44 亿	增长 1.25 亿	52.7%
在线旅行预订	3.97 亿	增长 5466 万	38.5%
在线医疗	2.98 亿	增长 8308 万	28.9%
网络音乐	7.29 亿	增长 7121 万	70.7%

续表

应用类型	用户规模	与2020年相比	占网民比例
网络游戏	5.54亿	增长3561万	53.6%
网络视频(含短视频)	9.75亿	增长4794万	94.5%
网络直播(包括游戏、真人秀、体育、电商等直播)	7.03亿	增长8652万	68.2%
网约车	4.53亿	增长8733万	43.9%

此外,《思科互联网年度报告(2018—2023)》预测,到2023年,全球将有近2/3的人口能上网,互联网用户将从2018年的39亿(约占全球人口的51%)上升到2023年的53亿(约占全球人口的66%)。连接到IP网络的设备数量将是全球人口的3倍以上,人均联网设备将从2018年的2.4台增加到3.6台。

网络用户数量和网络应用种类的迅速增长,促使互联网流量激增。网络中多种数据流并存,不同应用的数据具有自身的特性(如短流、长流),用户对于网络环境的需求也不尽相同,因此亟须为各种各样的网络应用提供高效、可靠的数据传输服务。而随着互联网基础设施的进一步完善和提升,如何充分利用底层带宽也是可靠传输协议亟待解决的问题。

3. 网络动态特性

网络构成的复杂化以及网络应用的多元化使互联网呈现出一系列动态特性,主要体现在以下几方面:

(1) 网络拓扑动态变化。网络节点的加入、离开和移动,以及网络链路的连接和断开,会造成网络拓扑动态变化。例如,车联网中车辆的高速移动会使网络拓扑变化巨大且快速。卫星网络中星际链路的切换和距离的周期性变化会造成各个卫星节点对之间的连通性发生变化,包括层内星际链路和层间链路的通断变化[34],从而引起卫星网络拓扑频繁、快速变化。

(2) 网络负载动态变化。由于网络中用户的分布及用户使用网络传输数据的时间是动态变化的,因此处于网络中不同位置的节点负载不一样,如处于骨干网上的节点相对于边界网络的节点负载较重。而同样的节点其负载也是随着时间不断变化的,例如在0:00-8:00时段,由于网络用户较少,因此网络负载较轻,而白天时段网络负载较重。

(3) 网络数据多样化。由于各种网络新应用的出现,如今网络中的数据类型早已不再是单一的文本形式,而是同时存在着网络日志、音频、视频、图片、地理位置信息等多类型的数据,且网络数据规模呈爆炸式增长。研究者们将压缩技术应用到网络的各个层次以提升网络的传输性能[35]。可是,不同类型的数据在进行压缩处理时会产生不同的压缩效率,需要网络中的压缩技术能够感知数据的类型。

(4) 低层设备差异化。由于新的链路技术的发展,目前已出现了各种不同的网络类型,包括高带宽时延积网络、传感器网络、移动Ad Hoc网络、数据中心网络和5G毫米波通信网络等。由于所使用的通信环境及性能需求不同,这些网络中链路的传输能力不同,低层设备的参数设置策略也不尽相同。如路由器缓存大小就可采用经验法则、斯坦福模型、基于丢包率的法则和极小缓存法则等策略进行设置[36],使用不同策略设置的缓存大小不一,数据在经过不同网络的路由器时,可能遇到丢包率和排队时延动态变化的情况。

这些特性将导致网络中数据的丢包率、传输时延和传输速率等产生更显著的动态变化，从而增加了可靠传输协议对可用带宽进行准确估计的难度，无法有效利用带宽资源。因此，需要针对网络的动态特性研究并设计高效的可靠传输协议，以满足动态网络中用户对传输性能的需求。

1.2.2 可靠传输协议在动态网络环境中的适应性问题

可靠传输协议是基于端到端的连接，即它们不用考虑单独的每一跳，而是考虑发送端和接收端之间的一条逻辑链路。因此，在这条连接中最慢的那条链路就是最关键的链路，称为瓶颈链路(bottleneck link)。TCP的传输模式可以用一个管道模型来表示，管道的容量就是瓶颈链路的带宽与RTT的乘积。

然而，链路的特性以及低层网络的行为会影响TCP的性能。端到端连接中链路的特性，如时延、丢包、缓存状态和大小以及链路容量溢出等，都会影响传输层的性能[36]。为了克服这些问题，越来越多复杂的拥塞控制机制被提出，1.4节将详细阐述目前各种TCP的主要设计思想。部分研究人员认为将TCP作为一刀切的解决方案广泛用于现有各种网络并不合理，因为所有这些因素都可能导致越来越明显的性能问题。其中一些问题是传输层的基本问题，而其他问题则依赖于协议的特定特性，可以通过正确地设计协议来避免。本节简要回顾了TCP在动态网络环境下存在的主要的适应性问题，本书的其余部分将专门讨论为解决这些挑战而提出的解决方案。

1. 路由器过度缓存问题

路由器过度缓存(bufferbloat)问题是由低层设备的缓存设置和TCP的拥塞控制机制共同导致的。拥塞控制机制利用底层网络的抽象视图来调节要发送的数据量。但是这种抽象在某些情况下无法提供关于连接两个主机链路的准确信息，从而导致性能下降。为了能够缓存大量突发分组，减少丢包，很多路由器，特别是位于瓶颈链路上的路由器常常使用较大的缓存容量。这会造成大量包充满缓存，增加队列占用，从而导致网络时延增加。此外，标准TCP采用基于丢包的拥塞控制方法，即增加发送速率，直到探测到丢包。发送的数据包往往会超过信道容量，加剧拥塞，并在缓存最终被填满时进行多次重传，这种现象称为路由过度缓存[37]。路由过度缓存问题会降低应用程序的服务质量(quality of service，QoS)，虽然这不是什么新问题[38]，但是随着近几年网络流量不断增加，这种情况也变得更加严重。

针对这一问题的解决方法主要包括局部的主动队列管理(AQM)技术以及传输协议的端到端流量控制和拥塞控制方法。AQM技术容易检测队列长度，但需要中间路由器额外的开销；另外，发送方和接收方所使用的拥塞控制协议可能不同，而路由器通常无法获知这一信息，它们仅根据设置的参数进行丢包，无法预测在拥塞情况下丢包的后果，这使得算法极其复杂，并且使得AQM技术对参数非常敏感。

2. TCP Incast问题

数据中心是一个有限的区域，其中包含服务器和监视服务器活动、Web流量和性能的系统。服务器之间的数据交换通常依赖于超文本传输协议(HTTP)，这使得TCP成为数据中心广泛使用的传输协议。有些行为，例如虚拟机迁移，会在服务器之间产生大量的通信量。因此，数据中心的链路通常具有高带宽和低时延，而交换机具有较小的缓冲区[39]，这与在接入链路中通常发生的情况(如路由过度缓存)正好相反。

云计算框架被广泛部署在大型数据中心。它会产生非常高的流量负载，例如，MapReduce(使用分区/聚合设计模式)[40]或PageRank(用于网页搜索)[41]经常出现多对一的流量模式，即多个worker同时向单个聚合器节点发送数据。在这个多对一的场景中，如果多个流都经过一个交换机，那么它的缓冲区空间可能不够，从而导致拥塞。TCP丢包恢复机制的效率会降低，可能触发多次超时，最终导致吞吐量崩溃和长时延[42]。这个问题称为TCP Incast[43]，它同样会降低网络性能以及用户体验，作为数据中心网络的突出问题，引起了越来越多的关注。

3. 队头阻塞问题

当两个或多个独立的数据流共享相同的TCP流时，可能发生队头阻塞(head-of-line blocking)。后续分组将被一直放于接收端缓存中直到丢失的第一个分组被发送端重传并到达接收端为止，以确保接收端的应用进程能够按照发送端的发送顺序接收数据。这种为了达到完全有序而引入的时延机制非常有用，但也有不利之处。典型的例子就是基于TCP的网页流量，在TCP看来，它收到的数据是一条连续的字节流，需要依序传输，其中一个分组丢失，将会推迟其他流的后续分组传输，造成较大的时延。所有要求依序传输的协议都会出现队头阻塞问题，一个明显的解决方案就是为每个数据流打开一个连接，可是这在连接设置和错误恢复方面会造成巨大的开销。此外，使用此方法，拥塞控制不太稳定，因为每个连接都独立地执行拥塞控制机制[44]。

Web页面包含多个对象，如文本、图像、媒体和第三方脚本。当客户机向服务器请求一个页面时，页面中每一个对象都会通过一个HTTP GET请求被下载，但是它们不需要同时显示。HTTP/1.1不允许多路复用，因此客户端被迫为每个对象打开一个TCP连接，于是出现了队头阻塞问题。该协议的第二版RFC 7540[45]是在2015年推出的，它希望通过使用一个TCP连接来处理所有请求以解决这个问题，从而显著减少页面加载时间。然而，这种优势在易丢包的网络中是无效的：假设多个HTTP 2.0的所有数据包流多路复用同一个TCP连接，而TCP要求依序传递，于是一个包丢失后，不仅这个包所在的流会停止接收，所有复用这个TCP的流都会停止接收。文献[45]在蜂窝网络中的测量显示，HTTP/2并不比HTTP/1.1具有显著的性能优势。

原则上，依序交付对可靠性来说是不必要的，但是传输协议如TCP既需要可靠性又需要有序性，尽管有人建议对TCP进行扩展，允许多媒体服务可以无序传输来避免队头阻塞问题[46]，但是它没有被广泛采用。一些支持多个数据流的协议中，如SCTP或QUIC，每条流有自己的缓存，因此能保证每条流依序传输，同时避免了队头阻塞问题[47]。

4. TCP在无线网络中的适应性问题

自从20世纪90年代引入第一个商业无线服务以来，人们就开始研究TCP在无线信道上的性能[48]。传统的拥塞控制机制通常假设丢包是由拥塞引起的，当数据包丢失时就通过降低发送速率缓解拥塞。然而，在无线链路中，数据包可能会由于信道质量下降而丢失。因此，端到端性能受到严重影响。常见的解决方案包括在无线链路上提供重传和保护机制(如采用网络编码)[49]和网络性能增强代理(例如，将网络连接分段，在无线网络部分使用不同的拥塞控制算法)[50]。

最近，下一代蜂窝网络即将采用的5G毫米波频率又激起了人们在TCP无线连接性能上新的研究兴趣[51]。特别是，在这种无线介质中，信道的变化要比sub-6GHz频率高得多，因为这个频率的电磁波对常见材料的阻挡和通信的方向比较敏感。这些限制不仅影响协议栈底层的设计,也影响传输层的性能,如文献[52-53]中所讨论的。TCP 的控制回路确实太慢,不能合理地对信道质量和毫米波链路可提供的数据速率的动态变化进行反馈。例如,sub-6GHz 的蜂窝网络中会出现过度缓存[54],而这个问题在毫米波中更加严重[55]。因为在毫米波频率下链路容量会出现突变(如当两端传输从视距转换为非视距时),为了防止这些变化引起的丢包,网络中的路由器不得不使用较大的缓冲区,因此极易引起过度缓存[54]。此外,研究者已经证明在实现高带宽通信的毫米波技术中,TCP 对带宽的利用率并不理想,因为它在初始连接阶段以及丢包后,需要很长时间才能恢复到丢包前的发送窗口[54-55],这个问题是拥塞控制逻辑中固有的。

1.3 动态网络环境中可靠传输协议研究的目标

针对 1.2 节中提出的可靠传输协议在动态网络环境中的一些适应性问题,研究者围绕着如何提高 TCP 在动态网络环境中的带宽利用率、降低传输时延、减少丢包、增强自适应性开展了广泛的研究。

1.3.1 如何提高带宽利用率

首先,标准 TCP 采用 AIMD 的窗口调整规则来探测可用带宽,即在 AI 阶段,标准 TCP 将保守地增加拥塞窗口,以免过多的数据包导致网络拥塞;而在 MD 阶段,当检测到丢包,即网络拥塞时,标准 TCP 将快速地降低拥塞窗口,以避免加剧网络拥塞。AIMD 算法在高速网络中表现出很多缺陷,尤其是拥塞恢复时间太长,有时 TCP 甚至需要花费上千个 RTT 的时间才能达到满带宽的利用率[56]。此外,TCP 流的吞吐率与传输路径上的 RTT 成反比,即 RTT 越大,则 TCP 吞吐率越小。在长时延网络,如有线远距离网络或卫星网络中,一般 RTT 会超过 100ms,而卫星网络的 RTT 远大于地面网络的 RTT。因此,在高速或长时延网络中 TCP 的带宽利用率会大大降低。

其次,TCP 最初针对有线网络设计,假设丢包的原因为网络拥塞,在检测到丢包时降低发送速率。然而在无线链路上,丢包的原因不仅是拥塞,还有其他因素可能导致丢包,例如无线链路的高误码率、对无线信道的竞争以及网络中节点移动造成频繁的路径失效都可能造成丢包[57]。此时应该保持传输速率,尽快重传丢失的分组。而标准 TCP 不能区分丢包的原因,一律将丢包视为网络拥塞,降低传输速率,这势必浪费带宽资源。在提供了底层高带宽的 5G 毫米波通信中,TCP 显然更加难以实现满意的带宽利用率。

网络技术的飞速发展使得网络底层的传输性能不断提升,有线和无线网络带宽大幅增加,如何快速探测并充分利用底层网络带宽成为可靠传输协议的主要研究热点之一。为了提高 TCP 在高速网络中的带宽利用率,研究者提出了大量高速 TCP[58],这些研究主要通过修改 TCP 的拥塞控制机制来增加协议的可扩展性,包括基于时延、基于丢包和混合的拥塞控制机制,这些机制通过时延变化、丢包或两者同时来探测网络拥塞。

1.3.2 如何降低传输时延

正如 1.2 节所讨论的,为了减少路由丢包,瓶颈链路上会使用较大缓存的路由器,以缓存突发数据包，而标准 TCP 采用基于丢包的拥塞控制方法，不断增加发送速率，直到探测到丢包。这些数据包往往会超过信道容量，增加拥塞，并导致在缓存最终被填满时进行多次重传，即产生路由过度缓存问题[37]。排队时延的增加也会大大增加传输时延，从而降低应用程序的服务质量。随着底层网络技术的不断发展，在增大网络带宽的同时时延也大大降低，比如 5G 网络，已实现理论上时延低于 1ms。因此，如何动态调节发送速率以降低排队时延，以凸显底层网络技术的优势，也是可靠传输协议的研究热点之一。

目前的解决方案有两种：一种是采用主动队列管理（active queue management，AQM）技术，即缓存中使用与传统的先进先出（first in first out，FIFO）队列不同的调度和丢包方式，从而降低排队时延；另一种解决方案是采用与 TCP 尽力而为服务相对的端到端流量控制和拥塞控制机制，提出了优先级低于尽力而为服务的拥塞控制机制。

1.3.3 如何减少丢包

传输协议的设计一开始都是基于有线网络，有线网络传输比较稳定，传输信道丢包率很低，主要的丢包原因是拥塞，因此 TCP 设计了拥塞控制机制来防止拥塞丢包。而在带宽有限的网络（如家用网络或无线网络）中，尽管使用了拥塞控制机制来探测网络带宽，避免拥塞崩溃，但 TCP 在吞吐率方面的性能仍然较低。这是因为当大量数据流量通过低带宽网络传输时，拥塞控制仍然无法避免链路拥塞或丢包。因此，如何及时探测网络拥塞，并设置合理的拥塞缓解策略以减少丢包成为可靠传输协议的研究热点。

研究者提出了一些 TCP 改进机制以及一些新方法，包括拥塞控制优化、传输层网络编码和跨层优化的方法等。拥塞控制优化方法通过估计网络带宽和信道状态来区分拥塞丢包和非拥塞丢包；传输层网络编码的方法在发送端对冗余分组进行编码并发送，即使发生丢包，在接收端也可利用冗余分组进行恢复，屏蔽了丢包对 TCP 机制的影响；跨层优化的方法通过获取低层网络（如物理层、链路层、网络层）状态信息进行适当的拥塞控制。

1.3.4 如何增强协议自适应性

早期的研究者希望能将标准 TCP 用于具有不同特征的广泛网络环境中，然而在不断出现的新网络环境下，标准 TCP 的行为可能是次优甚至是错误的[59-62]。根据某种特定网络的局部特性对 TCP 进行改进，可以实现较大的性能增益。因此，迄今为止已有大量针对不同网络环境的 TCP 版本出现。例如，TCP New Reno[63]、TCP SACK[64]和 TCP Vegas[65]主要用于低速网络中，BIC TCP[66]、Cubic TCP[67]、Illinois TCP[68]和 Compound TCP[69]主要用于高带宽时延积网络中，TCP Westwood[70]用于无线网络，TCP Peach[71]用于卫星网络，DCTCP[29]用于数据中心网络。这些 TCP 版本针对不同的网络环境，使用了不同的拥塞控制机制。它们在对应的这些网络中能够实现优于标准 TCP 的性能，但是却无法应用到其他网络中。标准 TCP 无法根据新的网络环境自动调整拥塞控制算法，这就限制了它的框架发展[72]。因此，如何增强协议的自适应性成为可靠传输协议的研究热点之一。

研究者提出了 AQM 技术和端到端两类解决方案。端到端的解决方案又分为两种：一种是修改 TCP 协议栈的参数，如自动调节拥塞窗口的初始值；另一种是设计增强型的 TCP，即根据网络状态自动选择或生成相应的拥塞控制机制。

1.4 可靠传输协议研究现状

传统的 TCP 能够在有线、低带宽、低时延的网络中表现良好，满足网络带宽利用率、时延、丢包率、稳定性等各方面性能要求。但正如 1.2.2 节中提到的，随着新的链路技术和子网不断出现和发展，标准 TCP 正面临着各种各样的问题。这些问题使得很难设计一个良好的拥塞控制机制，一个连接或者每个单独链路的特性通常会以不可预测的方式影响协议性能[73]。协议的数学模型及其严格的假设几乎是不太现实的，而且通常理论上最优的算法在真实网络中并不能得到预期的效果[74]。此外，在大多数情况下，某个传输协议（如 TCP）的拥塞控制算法是在该协议的相同内核代码库中实现的，因此，它对每个端到端连接都是相同的，用户无法根据每个连接的特征定制拥塞控制算法。

此外，拥塞检测以及调整拥塞窗口大小并不是简单的问题。大多数早期的解决方案采用丢包作为拥塞的标志，并使用 AIMD 策略，这确保了公平性和稳定性[75]。后续的一些协议采用时延信息作为可能拥塞的信号，这些协议对拥塞窗口的调节更适用于对时延比较敏感的网络。

表 1.2 总结了典型的拥塞控制算法的设计理念及其优缺点。

表 1.2 典型的拥塞控制机制算法总结

类型	算法	拥塞控制机制	优　点	缺　点
基于丢包	New Reno	AIMD	收敛快，具有公平性	在高带宽时延积网络中传输效率低
	BIC	二元搜索增长函数	传输效率更高	侵略性过强
	Cubic	三次函数更新拥塞窗口	具有与 RTT 独立的公平性	重传数较高
	Wave	对突发流的自适应较好	公平性、有效性较高	RTT 高度动荡
基于时延	Vegas	将 RTT 的增加作为拥塞信号	重传较少，时延较低	竞争不过基于丢包的流
	Verus	基于时延轮廓的 AIMD	适用于不稳定的信道	发送方 CPU 负载过高
	Nimbus	显式队列和交叉流量建模	与 Cubic 的侵略性具有可比性	对 Vegas 和 BBR 不公平
	LEDBAT	给高优先级的流更多时延	不影响其他流	限制了低优先级流量
基于带宽探测	Westwood	通过带宽估计减少拥塞窗口	在无线和易丢包链路上性能好	没有时延控制
	Sprout	HMM 带宽模型	低时延，可定制	每条流需要一个缓存
混合型	Compound	Reno 和 Vegas 窗口总和	在长时延、高带宽网络中传输快速，对 Cubic 公平	没有时延控制
	Illinois	用时延调节拥塞窗口	在长时延、高带宽网络中传输快速，对 Cubic 公平	没有时延控制
	Veno	缓存的显式模型	在长时延、高带宽网络中传输快速，对 Cubic 公平	没有时延控制
	BBR	带宽和 RTT 测量	高吞吐率、低时延	公平性和移动问题

续表

类型	算法	拥塞控制机制	优　点	缺　点
基于机器学习	Remy	基于蒙特卡洛的策略	达到一定的带宽且具有低时延	与其他 TCP 的公平问题
	TAO	Remy 的高级版	解决了公平性问题	需要预知网络的信息
	PCC	通过在线实验来决定 CWND	在长时延网络中性能高	未测试路由过度缓存情况
	TCP-RL	通过增强学习来确定 CC 算法	自组织功能	未测试在高动态环境中的性能
	QTCP	通过增强学习来选择 CWND	比 New Reno 有更高的吞吐量	性能评价有限

1.4.1 基于丢包的拥塞控制机制

经典的 TCP 拥塞控制算法，如 Tahoe[1]、Reno[76] 和 New Reno[17] 使用丢包来检测拥塞。如果一个包被确定丢失(即 RTO 定时器超时或收到连续三个重复 ACK)之后，AIMD 机制就会急剧减小拥塞窗口。Tahoe 非常保守，丢包后重新以 1 个分组大小的拥塞窗口(congestion window，CWND)开始，进入慢启动，而 Reno 和 New Reno 在收到三个重复 ACK 后仅将 CWND 减半。默认的 QUIC 拥塞控制也是基于 New Reno，IETF QUIC 协议草案中对 New Reno 提出了一些改进。例如，数据包的序列号单调增加，这样 QUIC 发送方知道收到的 ACK 是针对原始数据包还是它的重传包。此外，TCP SACK 选择确认的分组只允许设置三个[77]。

带宽时延积(bandwidth delay product，BDP)是瓶颈容量和最小时延的乘积，BDP 超过 100KB 的网络被认为是高带宽时延积网络[78]。经典的基于丢包的机制在高带宽时延积网络中是极其低效的，因为对于 RTT 最小为 100ms 和带宽为 100Mbps 的连接，拥塞恢复阶段将花费将近 1min，若带宽增加到 1Gbps，则大约需要 10min[79]。

BIC(binary increase control)[79] 和 Cubic [67] 是针对高带宽时延积网络提出的拥塞控制机制。为了实现具有不同 RTT 的数据流之间的公平性，它们放弃了单纯的 AIMD 机制，使用更复杂的函数(如 BIC 使用二分搜索，Cubic 从上一次丢包后使用关于时间的一个三次函数计算目标窗口)。然而，BIC 过于激进，对其他 TCP 流造成不公平[80]，而由于 Cubic 可以实现高性能同时保证公平性，现在已被作为默认的拥塞控制算法部署在 Linux 2.6.19 以后的内核中[81]，并且目前已成为 IETF 的一个草案[82]。

现在，大部分研究者正逐渐放弃使用基于丢包的拥塞估计。因为一些仿真研究表明，这些机制在无线网络[83]、移动 Ad Hoc 网络[84] 和高带宽时延积网络[85] 中的性能较低。然而在某些场景中，基于丢包的拥塞控制机制仍然是一种有用的设计，特别是当网络中包含长时延链路时。例如，TCP Noordwijk[86] 针对卫星链路 RTT 较长的特性设计了一个跨层协议。它假设瓶颈链路上有一个大缓冲区(就像卫星链路一样)且不考虑其他竞争流的性能，当检测到瓶颈链路达到最大容量时就以突发方式传输数据，通过适当地调度突发的传输来确保公平性。最近提出的 TCP Wave[87] 对 TCP Noordwijk 进行了扩展，它删除跨层的部分并调整算法以适应任何类型的链路。该协议可以快速地与其他基于丢包的流公平地共享链路，并且在竞争流停止时也可以快速地恢复传输速率，充分利用带宽。然而，TCP Wave 以突发的方式发送数据包，也就意味着数据包将在发送方排队等候，直到下一次突发机会产生，这会导致更长的排队时间。基于突发的传输机制也极易产生抖动和链路容量的波动，因为它们需要提前指定一个发送速率，当发现这个速率不适合当前网络时已无法修正这个错误，如果瓶颈链路的容量是时变的，它们需要更长的时间来反应，这将会造成更大的错误，许多常见的应用程序对时延和抖动十分敏感，这会使得 TCP Wave 在标准网络中的应用大大减少。

1.4.2 基于时延的拥塞控制机制

基于丢包的机制，如 Cubic 可以有效地利用大多数连接带宽，然而，它们能感知到拥塞的唯一信号是丢包，如果瓶颈链路上的缓冲区很大，数据包就会不断累积，直到缓冲区满之前，发送方都会不断提高发送速率，排队时延也会不断增加。在缓冲区过度膨胀的情况下，时延甚至可以达到 10s，并且完全填满缓冲区会导致其他流观察到的吞吐量不稳定。

一个可能的解决方案是基于时延的拥塞控制，丢包可能是一个拥塞信号，但早在缓冲区充满之前可能拥塞已发生，及早检测拥塞可以提高拥塞控制的反应，即一旦 RTT 大幅增加，发送速率就降低以避免吞吐量和时延性能的急剧下降。

TCP Vegas[65]是第一个使用时延作为拥塞信号的协议，它经过一个温和的慢启动阶段之后，根据信道的预期吞吐量调整拥塞窗口。若 RTT 接近最小测量值，则认为带宽未充分利用，一旦 RTT 增长超过一定的阈值，就减少发送速率。TCP Vegas 是公平的，在保持低时延的同时带宽利用率比 Reno 更高。不过，延迟确认机制以及网络中存在的高时延链路会影响 RTT 估计的精确度，所以 TCP Vegas 的第一版出现了严重的性能问题[88]。之后研究者基于 Vegas 的这些问题进行了改进。Vegas-A[88]解决了重定向和带宽共享公平性问题；Vegas-V[89]增加了原始算法的侵略性，同时保持与其他流的公平性；自适应 Vegas[90]根据吞吐量和 RTT 统计值的变化改变参数。有一些专门的版本被开发用于无线网络[91]和移动 Ad Hoc 网络[92]，NewVegas[75]保持了 Vegas 的主要思想，但在慢启动阶段通过调整分组发送的节奏来避免由突发引起的问题，并成对发送分组以避免延迟确认问题。

DCCP[93]是一个简单的基于时延的拥塞控制机制，它根据最小 RTT 和当前 RTT 的比值来减小发送速率。文献[94]采用类似 Vegas 的机制，使用单向时延来测量拥塞，调节发送速率来保证 QoS。但是这些方案都没有成为标准。

在过去几年中，由于具有严格时延要求的交互式应用程序兴起，对基于时延的协议的研究又成为热点。Verus[95]是针对复杂多变的无线网络环境提出的基于时延的端到端拥塞控制协议，它利用测量到的时延快速调节拥塞窗口大小，以提高蜂窝网络中的传输性能。它保留了与传统 TCP 相同的 AIMD 方案，但改变了 AI 部分，通过不断地感知信道，使用短时间内时延的变化量去学习得到网络时延与最大可发送数据量的映射关系（称为"时延轮廓"，即 delay profile）。该协议借鉴了传统 TCP 中慢启动和乘性减小的部分，只是改变了保持发送窗口的方法。与传统 TCP 在拥塞避免阶段每个窗口加 1 的做法不同的是，Verus 每 εms 改变一次发送窗口，且加减的速度更快。作者在真实的 3G 和 LTE 网络中对协议性能进行测试，实验的场景考虑多台设备与一台服务器之间存在多个竞争流，结果表明 Verus 实现了与 TCP Cubic 相似的吞吐量，同时将时延降低了一个数量级。作者也指出 Verus 的性能之所以超出其他协议，能够快速适应复杂的网络变化以及突发流的出现，主要是因为协议中吞吐率独立于 RTT 并且确保了公平性。文献[96]

通过实验说明 Verus 的时延轮廓估计使发送方增加了大量的计算负载，由于协议的复杂性，它并不适用于上行链路或高吞吐率场景中。

一般来说，基于时延的机制比基于丢包的机制更稳定，重发的数据包更少，时延更低，在现实网络中吞吐量类似，但是，基于时延的协议无法与基于丢包的协议竞争瓶颈带宽，如果两种协议的流共享一个瓶颈链路，并且瓶颈链路上的路由器有足够大的缓存，那么基于时延的机制会比基于丢包的机制更早感知到拥塞，减小发送速率，而基于丢包的机制则会不断增加发送速率。最后，基于时延的流的速率将接近于 0，而基于丢包的流将占据几乎所有的可用带宽[97]。由于互联网上大多数服务器使用基于丢包的拥塞控制机制，想要区分基于丢包和基于时延的数据流需要极大的成本，而且需要对网络主机进行更改，因此基于时延的协议从未被广泛部署。然而，最近网络切片和网络功能虚拟化(network function virtualization，NFV)等技术的出现使部署基于时延的协议成为可能[98]。

最近有人提出了两种基于时延的协议，它们可以切换到更激进的模式，以避免在竞争中被基于丢包的流压制。与 Verus 一样，Copa[99]是一种使用时延来确定发送速率的协议。为了能与基于丢包的协议公平竞争，它利用马尔可夫链对瓶颈队列进行显式建模，并动态调整其侵略性。Nimbus[100]对交叉流量进行建模，检测其他流对带宽变化的反应。通过观察带宽的傅里叶变换以及探测其周期性行为来为交叉流量进行建模。这种方法在 Cubic 或 Copa 的交叉流量中能够公平共享带宽，但相比 Vegas 又过于激进。

另一个研究是 TCP 低优先级拥塞控制算法(low extra delay background transport，LEDBAT)[101]，这是一种针对比特流(BitTorrent)流量研究的基于时延的算法。由于背景流量(如下载的比特流)的优先级低于用户流量(如网页搜索、视频流)，基于时延的拥塞控制机制所具有的较低的攻击性就成为一种优势。LEDBAT 通过测量它在发送数据包后所增加的额外时延来估计前景流未使用的带宽，只有在它认为其操作不会影响到优先级更高的流时才进行传输。所以该协议能在链路空闲时占用未被使用的带宽，而在链路负载较高时释放占用的带宽以保证时延敏感数据的传输。目前它作为批量传输应用程序的解决方案部署在 Windows 系统上。Timely[102]是专门为数据中心设计的基于时延的协议，它使用 RTT 的梯度调整拥塞窗口。TCP LoLa[103]将 Cubic 用于基于时延的探测方法中，当排队时延开始增加时，LoLa 切换到一个类似于 Vegas 的保持机制，以保证带宽利用率以及对其他流的公平性。

1.4.3 基于带宽探测的拥塞控制机制

TCP Westwood[70]是 2001 年针对无线和易丢包的链路提出的协议，这些链路容量会发生快速变化，物理层易丢包，这两个因素都会影响传输层的性能，传统的基于丢包的方案只要收到 3 个重复的 ACK 就认为丢包，从而将拥塞窗口减半，而快速变化的信道容量也会被认为是网络拥塞。TCP Westwood 根据 ACK 的返回率估计连接的可用带宽。在发生丢包时，它使用这个估计值更快地检测拥塞状态，并重新计算拥塞窗口和慢启动阈值，将发送速率保持在丢包前的值，而不是盲目地将窗口减半。因此，Westwood 在无线网络以及有线网络中比基于丢包的方案具有更高的性能[104]。

为了增强对带宽估计的准确性，TCPW ABSE[105]不像 Westwood 那样对每个 RTT 进行一次带宽估计，而是每隔一段较长的时间(称为带宽采样间隔)进行一次估计。采样间隔的长度根据当前网络状态自适应生成。在采样间隔的估计中,TCPW ABSE 采用二元带宽估计,即同时使用类似 Vegas 的方法和指数平均的方法进行估计。虽然仿真实验中 TCPW ABSE 能够实现较好的吞吐率和公平性,但是还需要经过实际网络环境的验证。

文献[106]提出基于扩展卡尔曼滤波的无线拥塞控制方法 EBE。它通过监测无线链路中队列的长度来预测链路容量,并使用扩展的卡尔曼滤波方法减小无线信道的变化对带宽估计产生的影响,协助无线拥塞控制协议实现对带宽的准确估计。虽然实验结果显示 EBE 能够实现更准确的带宽估计,但是其性能对所使用的参数较敏感,而参数的确定并不容易。

基于带宽探测的拥塞控制方法最近被 Sprout[107]重新提出,Sprout 是为蜂窝无线网络设计的端到端协议,目的是在高吞吐量和低队列时延之间实现折中。由于蜂窝网络经常会遭受极端的过度缓存,根据丢包来检测拥塞会导致极高的时延。此外,因为运营商通常会为位于同一个蜂窝的每个设备设置单独的上行和下行队列,所以蜂窝网络用户不受其他用户队列长度的影响。Sprout 利用蜂窝网络的这些特性,定期估计连接带宽,并使用隐马尔可夫模型(hidden Markov model,HMM)预测未来的带宽分布。Sprout 估计可用带宽的方法是用较长的时间间隔内接收到的字节数除以持续时间。它估计的是可以安全通过链路发送的数据包的数量,也就是正确的数据包数量,这样可以确保不会有太多数据包进入队列。但是,这种方法需要有专用的缓冲区,如果多个流共享同一个缓冲区,Sprout 将无法与其他流竞争带宽[108]。

1.4.4 混合型拥塞控制机制

一些拥塞控制机制尝试将基于丢包和基于时延两种拥塞控制方法结合在一起。Compound TCP[69]就是一个著名的例子,它已被实现在 Microsoft Windows 系统中。它在标准 TCP 的拥塞避免算法中引入基于时延的组件,拥塞窗口由基于丢包的窗口和基于时延的窗口两部分组成,这样的复合窗口增长模式在网络不拥塞时比单纯的基于丢包的窗口增长快,而在网络拥塞时会恢复到基于时延的处理方式,所以 Compound TCP 在高带宽时延积网络中的性能比单纯基于丢包的性能更高,同时也能与基于丢包的流公平共享带宽。TCP Illinois[68]也同时采用了基于丢包和基于时延的方法,它以丢包作为拥塞的标志,以时延的变化来决定拥塞窗口的变化情况,TCP Illinois 可与 Cubic 公平共享带宽,但是与 Compound 类似,当发送速率远低于带宽时,它的拥塞窗口增长明显更快。Veno[109]是 Vegas 和 Reno 的混合,它使用了一个显式的瓶颈缓冲区占用模型来实现类似于拥塞窗口的增长。

最近在混合拥塞控制方案中最引人注目的无疑是谷歌提出的 BBR 算法[110],作者通过分析认为,当拥塞窗口与带宽时延积相等时就是拥塞控制的最优操作点,在这个操作点上,拥塞窗口每增加一点只会增加时延,而没有任何吞吐量优势。为了达到这个操作点,BBR 通过减少传输速率(以排出缓存中的数据)、测量 RTT、将速率恢复到初始速率,这样周期性地进行操作,以提高最小 RTT 估计和带宽估计的准确率。

BBR 可以与其他 BBR 流或者基于丢包的流公平地共享带宽[110],但是只有在与之共享的其他流也对时延比较敏感时,它才能实现较低的时延。BBR 在高带宽的连接上也运行良好,然而,如果中间路由器使用较小的缓冲区则会导致 BBR 更激进,从而造成大量的包丢失，同时也会出现对基于丢包的流的不公平性[111]。

公平性和稳定性是BBR在与其他拥塞控制算法共享一个连接时面临的两个最大的问题。与其他算法的数据流竞争会导致BBR严重的吞吐率振荡[112]，而且BBR的激进程度严重地依赖缓存的大小：当缓存很小时，BBR会变得很激进，而当网络遭遇过度缓存时，它又会变得很保守[111]。Farrow在异构网络环境中对比Cubic、NewReno和BBR时也发现了同样的问题[113]。BBR在蜂窝网络[114]和移动网络[115-116]中的性能也受到质疑，但学者们也正在努力使其适应这种环境。目前BBR也被用于QUIC中[117]。

1.4.5 基于机器学习的拥塞控制机制

最近几年，机器学习已经成为网络和协议设计者的重要工具[118]，一些学者开始研究基于机器学习的拥塞控制机制。

TCP Remy[119]是第一个基于机器学习的拥塞控制协议。首先，协议设计者可以预先设定已知的网络情况或进行假设，以及算法想要实现的目标，例如高吞吐率或低队列时延等。然后通过一个Remy程序处理对应的分布式算法（为各个端节点生成控制规则）以实现预定目标。在Remy中，TCP整个拥塞控制算法可根据低层网络的变化自动调整。该机制本质上是蒙特卡洛模拟，但是使用时有一些限制条件，因为它需要预先获取一些关于网络场景的先验知识，并且需要所有竞争流都基于相同的假设，这在广域网中不太可能满足。Remy的一个更高级的版本称为TAO（tractable attempt at optimal）[120]，它解决了TCP感知的问题，在异构竞争流中表现良好，但仍然需要广泛的网络先验知识才能正常工作。

PCC[121]是另一个面向学习的拥塞控制机制，与之前的Remy使用离线的预训练不同，它使用在线训练进行学习，并通过SACK来测量一个行为的效用，相应地调整发送速率。PCC比基于丢包的TCP版本更激进，并且在缓冲区较小和RTT较高的情况下性能良好，但是它在易产生缓存过度的无线网络中的性能还没有经过测试。PCC Vivace[122]在PCC的基础上改进了TCP友好性，并且使用了更高级的线性回归学习机制。

文献[123]尝试使用更先进的监督学习技术来设计拥塞控制机制，文献[124]和[125]使用了Q-learning方法。然而，所有这些算法都是针对非常简单的网络拓扑进行优化的，并且强烈地依赖于所考虑的场景。据作者所知，使用这些技术的拥塞控制机制并没有在真实网络中被完全实现，也没有经过充分的测试。之后，文献[126]研究了一种基于强化学习算法的拥塞控制方法TCP-RL来同时提高短TCP流和长TCP流的性能。TCP-RL方法利用两种不同的学习过程来调整初始窗口和每个单流使用的拥塞控制算法。作者在真实的系统中实现TCP-RL，并且采用了真实的流量或由Web服务提供商产生的合成的跟踪流量进行性能评估。QTCP[127]也采用了一种强化学习方法，但其可操作性与拥塞窗口的数量级直接相关。基于机器学习的新型拥塞控制机制的详细讨论可以参见文献[128]。

1.4.6 跨层方法

如前所述，TCP依赖于对连接的两个端点之间的多跳节点进行抽象来执行拥塞控制操作。然而，这有时是次优的，因为TCP可能无法感知底层媒介的变化特征（如毫米波的链路带宽变化）。因此，跨层方法旨在利用协议栈低层提供的更精确的信息来设计拥塞控制算法，这种方法在无线领域中尤其流行。

最近有几篇论文提出了毫米波频率下蜂窝网络的跨层解决方案。文献[129]和[130]跟踪物理层和介质访问控制层的信息，根据这些信息调整 TCP 拥塞窗口以达到上行和下行链路的带宽时延积。文献[131]提出了一种基于代理的机制，在基站上拦截 ACK 并改变通告的窗口值，使得不用修改发送端的 TCP 就可以达到毫米波链路的带宽时延积。

软件定义网络(software defined network，SDN)范式为跨层方法提供了新思路，发送端可直接与网络控制器通信获得整个网络的链路带宽使用状况，从而使传输层可以为低时延应用预留带宽资源[132]。

另一种跨层方法是考虑应用程序的需求，如考虑多媒体流中的速率失真和内容类型来设计传输协议[133-135]。文献[136]将 3G 和 4G 蜂窝网中的跨层方法用来解决 QUIC 的拥塞控制问题，对发送端和接收端同时进行修改。当可以从网络低层获得有效的速率估计时，发送端采用速率调节的方法，否则就使用拥塞窗口调节的方法，接收端会向发送端反馈一个速率估计值。

1.5 可靠传输协议面临的挑战和研究方向

虽然目前的可靠传输协议与最初的 TCP 版本相比实现了更高的传输效率，但是正如 1.2 节所述，随着各种新的链路技术和网络应用不断涌现，网络环境变得越来越复杂，更加呈现出动态、异构化的发展趋势。这些复杂快速的变化使得 TCP 在网络带宽利用率、时延和丢包率等方面的性能明显下降，特别是在网络应用较集中的高带宽时延积网络、无线网络和数据中心网络中，因此如何实现高效的数据传输以及如何增强对动态网络的适应性，成为未来可靠传输协议的研究方向。

1.5.1 高带宽时延积网络中高效的数据传输

在高带宽时延积网络中，为了能够缓存大量突发分组，避免丢包，常常需要路由器有足够大的缓存容量，然而 TCP 的拥塞控制机制以丢包作为拥塞标志，只要没有探测到丢包就会一直增加窗口，最终导致缓存中充满了大量数据。过多的缓存数据会造成过量的排队时延，最终导致网络时延越来越严重，即出现过度缓存问题。随着网络流量的增长，这个问题在近几年变得更加严重。文献[137]通过实验的方法研究了 3G、3.5G 和 4G 蜂窝网络中 TCP 拥塞控制和缓存之间的相互作用，结果显示，在与长数据流共存时，由于长流占用的缓存增加，短流的完成时间明显增长，同时结果还显示，流完成时间与背景流所使用的拥塞控制算法有较大的关系，当背景流使用 Cubic 作为拥塞算法时，短流的完成时间会更长。现有的解决方案，包括减少网络中的缓存、使用主动队列管理以及低优先级方法等，均存在各种各样的问题，在短期内无法广泛用于互联网中。基于时延的 TCP(如 TCP Vegas)虽然能够抵抗过度缓存问题[138]，但时延估计的准确性却是这类 TCP 的性能瓶颈。如何能以一种简便可行的方式解决过度缓存问题，减少丢包，降低排队时延，这引起了研究者们的关注。

1.5.2 带宽受限网络中高效的数据传输

针对 TCP 在无线网络、卫星网络以及家用网络等带宽受限网络的性能问题，研究者们已提出了许多解决方法，这些方法通过优化拥塞控制算法能够在一定程度上改善带宽利用率，但是当大量数据流量通过低带宽的网络传输时，这些方法仍然无法避免链路拥塞或丢包。在相同的传输能力下，通过数据压缩可以增加网络链路中实际传输的应用数据，缓解网络通信设施的压力，因此有望改善带宽受限网络的传输效率。数据压缩可部署于网络协议栈的不同层次。因此，是否能在传输层实现数据压缩技术，即实现数据压缩与 TCP 的有效结合，更好地解决 TCP 在带宽受限网络中的性能问题，这一点引起了研究者的兴趣。

1.5.3 数据中心网络中高效的数据传输

随着云计算框架规模化和集中化的部署，大型数据中心的流量负载将不断增加。数据中心网络不仅具有高带宽、低时延的网络特性，而且网络中存在大量一对多和多对多的通信流量，这些与传统广域网的特性差异较大，传统 TCP 在数据中心网络中的运行效率较低，引发了很多性能问题，其中较为突出的就是 TCP Incast，它将导致吞吐量崩溃和长时延，从而降低网络性能以及用户体验。为了满足数据中心的性能需求，研究者已经提出了很多解决 TCP Incast 问题的方案。但是如何寻找准确的拥塞反馈和快速的速率控制机制，以实现数据中心网络的高利用率和低排队时延，仍是数据中心网络亟须解决的问题。

1.5.4 5G 网络中高效的数据传输

作为新一代宽带移动通信技术，5G 网络具有高带宽、低时延和大连接等特点，是实现人机互联的网络基础设施。毫米波（30G～300GHz 的电磁波）通信为 5G 带来速率和时延优势的同时，也会为 5G 网络上层的传输协议的设计，特别是拥塞控制机制的设计带来挑战。目前网络中广泛使用的 TCP 采用慢启动以及加性增长、乘性减少的拥塞控制机制，大大限制了带宽的利用率，在高带宽的 5G 网络中势必造成带宽的浪费；现有的拥塞控制机制以丢包作为网络拥塞的信号，网络中的分组在被丢弃前会被暂存在路由或基站的缓存中，形成队列，大量分组在缓存中排队，增加了端到端的传输时延；5G 毫米波极易受到外部环境的影响，信道质量极不稳定，从而导致带宽和时延高度动态变化。因此，如何提高 TCP 在 5G 网络中的带宽利用率，降低端到端的传输时延以凸显 5G 网络的低时延优势，快速探测带宽和时延的变化以适应 5G 网络的高动态性，是 TCP 在 5G 网络数据传输中面临的挑战。而在目前针对 5G 网络设计的可靠传输协议中，见诸报端的较少，真正有效的更为鲜见。

1.5.5 对动态网络的高适应性

迄今为止已有大量针对不同网络环境的 TCP 版本出现。它们针对某类网络的特征采用不同的拥塞控制机制，在相应的网络中实现了较大的性能增益。但是这些 TCP 版本并不能很好地适应新兴网络，特别是高动态的网络。现有的 TCP 协议栈支持多个不同的拥塞控制方案，例如目前的 Linux 操作系统中包含有 13 个不同的 TCP 版本[139]，可供用户自行选择。如何能够根据当前的网络环境或网络状态，自动选择最适合当前网络状态的算法，以提高动态网络中传输协议的自适应性，也是当前可靠传输协议的一个研究方向。

1.6 本章小结

目前互联网的绝大部分应用仍然是依靠 TCP 来实现网络中数据的可靠传输，因此，TCP 的性能在很大程度上决定了互联网的传输性能。

本章介绍可靠传输协议的主要机制和性能评价标准；结合动态网络环境的特点分析了可靠传输协议存在的适应性问题，以及可靠传输协议所要达到的性能目标；总结目前可靠传输协议采用的不同实现机制，包括基于丢包、基于时延、基于带宽探测、混合型、跨层等方法，并指出可靠传输协议应用到当前网络仍需解决的问题和进一步的研究方向。

虽然当前的可靠传输协议与过去的协议相比性能有所提高，但是新的网络技术还在不断涌现，新的应用层出不穷，互联网用户不断增加，这些都在不断给可靠传输协议提出新的挑战，本书针对其中一些热点问题进行研究，探索并提出了有效的解决方案，提高网络的传输效率，提升网络用户的体验。

参考文献

[1] Postel J. Transmission control protocol. IETF RFC 793,1981.

[2] Postel J. User datagram protocol. IETF RFC 768,1980.

[3] Stewart R. Stream control transmission protocol. IETF RFC 4960,2007.

[4] He E,Leigh J,Yu O,et al. Reliable blast UDP: Predictable high performance bulk data transfer. In: Proc. of the IEEE Int'l Conf. on Cluster Computing,Chicago,IL,USA,2002: 317-324.

[5] Gu Y,Grossman R L. UDT: UDP-Based data transfer for high-speed wide area networks. Computer Networks,2007,51(7): 1777-1799.

[6] Larzon L A,Degermark M,Pink S,et al. The lightweight user datagram protocol(UDP-Lite). IETF RFC 3828,2004.

[7] Iyengar J, Ed. Fastly Thomson M, Ed. Mozilla. QUIC: A UDP-Based Multiplexed and Secure Transport. Internet Engineering Task Force(IETF),RFC 9000,2021.

[8] Bonaventure O. Computer networking: Principles,protocols,and practice. The Saylor Foundation,2011.

[9] Kurose J, Ross K. Computer networking: a top-down approach featuring the Internet. Addison Wesley,6th ed. ,2012.

[10] Fall K R, Stevens W R. TCP/IP illustrated, volume 1: the protocols. Addison-Wesley Professional,2011.

[11] Mathis M,Heffner J. Packetization layer path MTU discovery. IETF RFC 4821,2007.

[12] Mathis M,Mahdavi J,Floyd S,et al. TCP selective acknowledgment options. IETF RFC 2018,1996.

[13] Fox R. TCP big window and NAK options. IETF RFC 1106,1989.

[14] Paxson V,Allman M,Chu J,et al. Computing TCP's retransmission timer. IETF RFC 6298,2011.

[15] Jacobson V. Congestion avoidance and control. Proc. of ACM SIGCOMM, Stanford, CA, 1988: 314-329.

[16] Jain R. Congestion control in computer networks: Issues and trends. IEEE Network Magazine. 1990, 4(3): 24-30.

[17] Floyd S,Gurtov A,Henderson T. The NewReno modification to TCP's fast recovery algorithm. IETF RFC 3782,2004.

[18] Floyd S,Mahdavi J, Podolsky M, et al. An extension to the selective acknowledgement(SACK)

Option for TCP. IETF RFC 2883,2000.

[19] Floyd S. Metrics for the evaluation of congestion control mechanisms. IETF RFC 5166,2008.

[20] Hahne E,Gallager R. Round robin scheduling for fair flow control in data communications networks. IEEE JSAC,1991,9(7): 1024-1039.

[21] Kelly F,Maulloo A,Tan D. Rate control in communication networks: Shadow prices,proportional fairness and stability. Journal of the Operational Research Society,1998,49: 237-252.

[22] Jain R,Chiu D M,Hawe W. A quantitative measure of fairness and discrimination for resource allocation in shared systems. DEC TR-301,Littleton,MA: Digital Equipment Corporation,1984.

[23] Fusco F,Deri L. High speed network traffic analysis with commodity multi-core systems. In: Proc. of the 10th ACM SIGCOMM conf. on Internet measurement. Melbourne,Australia,2010: 218-224.

[24] Xue L,Cui C,Kumar S,et al. Experimental evaluation of the effect of queue management schemes on the performance of high speed tcps in 10gbps network environment. In: Proc. of 2012 International Conf. on Computing,Networking and Communications(ICNC),Maui,Hawaii,USA,2012: 315-319.

[25] Kushwaha V,Gupta R. Congestion control for high-speed wired network: A systematic literature review. Journal of Network and Computer Applications,2014,45: 62-78.

[26] Gavali S,Gavali A,Limkar S,et al. Packet hiding a new model for launching and preventing selective jamming attack over wireless network. In: Proc. of the 3rd International Conf. on Frontiers of Intelligent Computing: Theory and Applications(FICTA). Bhubaneswar,India,2015: 185-192.

[27] Farserotu J,Prasad R. A survey of future broadband multimedia satellite systems,issues and trends. IEEE Communications Magazine,2000,38(6): 128-133.

[28] Rathnayaka A J,Potdar V M. Wireless sensor network transport protocol: A critical review. Journal of Network and Computer Applications,2013,36(1): 134-146.

[29] Alizadeh M,Greenberg A,Maltz D A,et al. Data center TCP(DCTCP). ACM SIGCOMM Computer Communication Review,2011,41(4): 63-74.

[30] Akyildiz I F,Jornet J M,Han C. TeraNets: ultra-broadband communication networks in the terahertz band. Wireless Communications,2014,21(4): 130-135.

[31] 任勇毛,唐海娜,李俊,等.高速长距离网络传输协议.软件学报,2010,21(7): 1576-1588.

[32] Cisco Annual Internet Report(2018-2023). https://www.cisco.com/c/en/us/solutions/executive-perspectives/annual-internet-report/infographic-c82-741491.html

[33] 中国互联网络信息中心.第49次中国互联网络发展状况统计报告,2022.

[34] 申建平.卫星网络拓扑动态性及仿真系统研究.成都:电子科技大学,硕士学位论文,2009.

[35] Min Wang,Junfeng Wang,Xuan Mou,Sunyoung Han. On-the-fly Data Compression for Efficient TCP Transmission. KSII Transactions on Internet and Information Systems,2013,7(3): 471-489.

[36] T. Lukaseder,L. Bradatsch,B. Erb,R. W. Van Der Heijden,and F. Kargl. A comparison of TCP congestion control algorithms in 10G networks. In Proc. of 41st IEEE Conference on Local Computer Networks(LCN),Dubai,UAE,2016: 706-714.

[37] Gong Y,Rossi D,Testa C,et al. Fighting the bufferbloat: on the coexistence of AQM and low priority congestion control. Computer Networks,2014,65: 255-267.

[38] Gettys J. Bufferbloat: Dark buffers in the Internet. Queue,2011,9(11): 40-54.

[39] Amrutha R,Nithya V. Curbing of TCP Incast in data center networks. In Proc. of 4th IEEE International Conference on Reliability,Infocom Technologies and Optimization(ICRITO)(Trends and Future Directions),Noida,India,2015: 1-5

[40] Dean J,Ghemawat S. MapReduce: Simplified data processing on large clusters. In Proc. of Usenix 6th Symposium on Operating System Design and Implementation(OSDI),San Francisco,California,USA,2004: 137-150.

[41] Page L, Brin S, Motwani R, et al. The PageRank citation ranking: Bringing order to the web. Stanford InfoLab, Tech. Rep., 1999.

[42] Chen W, Ren F, Xie J, et al. Comprehensive understanding of TCP Incast problem. In Proc. of IEEE Conference on Computer Communications (INFOCOM), Hong Kong, China, 2015: 1688-1696.

[43] Ren Y, Zhao Y, Liu P, et al. A survey on TCP Incast in data center networks. International Journal of Communication Systems, 2014, 27: 1160-1172.

[44] Scharf M, Kiesel S. Head-of-line blocking in TCP and SCTP: Analysis and measurements. In Proc. of IEEE Global Communications Conference (GLOBECOM), San Francisco, California, USA, 2006: 1-5.

[45] Belshe M, Thomson M, Peon R. Hypertext Transfer Protocol version 2. IETF, RFC 7540, 2015.

[46] McQuistin S, Perkins C, Fayed M. TCP Hollywood: An unordered, time-lined, TCP for networked multimedia applications. In Proc. of IEEE/IFIP Networking Conference (IFIP Networking), Vienna, Austria, 2016: 422-430.

[47] Cui Y, Li T, Liu C, et al. Innovating transport with QUIC: Design approaches and research challenges. IEEE Internet Computing, 2017, 21(2): 72-76.

[48] Balakrishnan H, Padmanabhan V N, Seshan S, et al. A comparison of mechanisms for improving TCP performance over wireless links. IEEE/ACM Transactions on Networking, 1997, 5(6): 756-769.

[49] Xylomenos G, Polyzos G C, Mahonen P, et al. TCP performance issues over wireless links. IEEE Communications Magazine, 2001, 39(4): 52-58.

[50] Griner J, Border J L, Kojo M, et al. Performance enhancing proxies intended to mitigate link-related degradations. IETF, RFC 3135, 2001.

[51] Rangan S, Rappaport T S, Erkip E. Millimeter-wave cellular wireless networks: Potentials and challenges. Proceedings of the IEEE, 2014, 102(3): 366-385.

[52] Zhang M, et al. Transport Layer Performance in 5G mmWave Cellular. In Proc. of IEEE Conference on Computer Communications Workshops (INFOCOM WKSHPS), San Francisco, California, USA, 2016: 730-735.

[53] Polese M, Jana R, Zorzi M. TCP and MP-TCP in 5G mmWave networks. IEEE Internet Computing, 2017, 21(5): 12-19.

[54] Jiang H, Liu Z, Wang Y, et al. Understanding bufferbloat in cellular networks. In Proc. of ACM SIGCOMM Workshop on Cellular Networks: Operations, Challenges, and Future Design (CellNet), Helsinki, Finland, 2012: 1-6.

[55] Zhang M, Polese M, Mezzavilla M, et al. Will TCP work in mmWave 5G cellular networks? IEEE Communications Magazine, 2019, 57(1): 65-71.

[56] Ahmad M, Ngadi M A, Mohamad M M. Experimaental evaluation of TCP congestion control mechanisms in short and long distance networks. Journal of Theoretical and Applied Information Technology, 2015, 71(2): 153-166.

[57] Francis B, Narasimhan V, Nayak A, et al. Techniques for enhancing TCP performance in wireless networks. In: Proc. of 2012 32nd International Conference on Distributed Computing Systems Workshops (ICDCS), Macau, China, 2012: 222-230.

[58] Afanasyev A, Tilley N, Reiher P, et al. Host-to-host congestion control for TCP. Communications Surveys & Tutorials, IEEE, 2010, 12(3): 304-342.

[59] Allman M. Initial congestion window specification. Work in Progress, 2010.

[60] Chen Y, Griffith R, Liu J, et al. Understanding TCP incast throughput collapse in datacenter networks. In: Proc. of the 1st ACM workshop on Research on enterprise networking (WREN 2009), Barcelona, Spain, 2009: 73-82.

[61] Chu J. Tuning TCP parameters for the 21st century. http://www.ietf.org/proceedings/75/slides/

tcpm-1. pdf,2009.

[62] Vasudevan V,Phanishayee A,Shah H,et al. Safe and effective fine-grained TCP retransmissions for datacenter communication. ACM SIGCOMM Computer Communication Review, 2009, 39(4): 303-314.

[63] Floyd S,Gurtov A,Henderson T. The NewReno modification to TCP's fast recovery algorithm. IETF RFC 3782,2004.

[64] Floyd S,Mahdavi J, Podolsky M, et al. An extension to the selective acknowledgement(SACK) Option for TCP. IETF RFC 2883,2000.

[65] Brakmo L S,Peterson L L. TCP Vegas: End-to-end congestion avoidance on a global Internet. IEEE Journal on Selected Areas in Communication,1995,13(8): 1465-1480.

[66] Xu L,Harfoush K,Rhee I. Binary increase congestion control(BIC) for fast long-distance networks. In Proc. of IEEE INFOCOM,Hong Kong,China,2004,4: 2514-2524.

[67] Ha S,Rhee I,Xu L. CUBIC: a new TCP-friendly high-speed TCP variant. Operating Systems Review (ACM),2008,42(5): 64-74.

[68] Liu S,Başar T, Srikant R. TCP-Illinois: A loss and delay-based congestion control algorithm for high-speed networks. In Proc. of First International Conference on Performance Evaluation Methodologies and Tools(VALUETOOLS),Pisa,Italy,2006.

[69] Tan K,Song J, Zhang Q, et al. A compound TCP approach for high-speed and long distance networks. In Proc. of IEEE INFOCOM 2006,Barcelona,Catalunya,Spain,2006.

[70] Mascolo S,Casetti C,Gerla M,et al. TCP Westwood: Bandwidth estimation for enhanced transport over wireless links. In: Proc. of ACM MOBICOM,Rome,Italy,2001: 287-297.

[71] Akyildiz I F,Morabito G, Palazzo S. TCP-Peach: a new congestion control scheme for satellite IP networks. IEEE/ACM Transactions on networking,2001,9(3): 307-321.

[72] Winstein K, Balakrishnan H. End-to-end transmission control by modeling uncertainty about the network state. In Proc. of the 10th ACM Workshop on Hot Topics in Networks(HotNets-XI), Cambridge,MA,2011: 1-19.

[73] Ren Y,Zhao Y,Liu P,et al. A survey on TCP Incast in data center networks. International Journal of Communication Systems,2014,27: 1160-1172.

[74] Iyer T,Boreli R,Sarwar G,et al. DART: enhancing data acceleration with compression for satellite links. In Proc. of IEEE Global Telecommunications Conference(GLOBECOM 2009), Hawaii, USA,2009.

[75] Sing J,Soh B. TCP New Vegas: Improving the performance of TCP Vegas over high latency links. In Proc. of 4th IEEE International Symposium on Network Computing and Application(NCA), Cambridge,Massachusetts,USA,2005: 73-82.

[76] Allman M,Paxson V,Blanton E. TCP congestion control. IETF,RFC 5681,2009.

[77] E. Blanton,M. Allman,L. Wang,I. Jarvinen,M. Kojo,and Y. Nishida. A conservative loss recovery algorithm based on Selective Acknowledgment(SACK) for TCP. IETF,RFC 6675,2012.

[78] Borman D,Braden R T, Jacobson V, et al. TCP extensions for high performance. IETF, RFC 7323,2014.

[79] Xu L,Harfoush K,Rhee I. Binary increase congestion control(BIC) for fast long-distance networks. In Proc. of IEEE Conference on Computer Communications(INFOCOM),Hong Kong,China,2004: 2514-2524.

[80] Šošic M,Stojanovic V. Resolving poor TCP performance on high-speed long distance links - Overview and comparison of BIC, CUBIC and Hybla. In Proc. of 11th IEEE International Symposium on Intelligent Systems and Informatics(SISY),Subotica,Serbia,2013: 325-330.

[81] Ahmad M,Ngadi A B,Nawaz A,et al. A survey on TCP CUBIC variant regarding performance. In Proc. of 15th International Multitopic Conference(INMIC),Islamabad,Pakistan,2012: 409-412.

[82] Xu L,Ha S,Rhee I,et al. CUBIC for fast long-distance networks. IETF,draft-ietf-tcpm-rfc8312bis-02,2021.

[83] Blanton E, Allman M. On making TCP more robust to packet reordering. ACM SIGCOMM Computer Comm. Rev. ,2002,32(1): 20-30.

[84] Kumar A,Jacob L,Ananda A L. SCTP vs TCP: Performance comparison in MANETs. In Proc. of 29th IEEE International Conference on Local Computer Networks(LCN), Tampa, Florida, USA, 2004: 431-432.

[85] Ahmed I, Yasuo O, Masanori K. Improving performance of SCTP over broadband high latency networks. In Proc. of 28th IEEE International Conference on Local Computer Networks(LCN), Bonn,Germany,2003: 644-645.

[86] Roseti C,Kristiansen E. TCP Noordwijk: TCP-based transport optimized for web traffic in satellite networks. In Proc. of 26th AIAA International Communications Satellite Systems Conference (ICSSC),San Diego,California,USA,2008: 1-12.

[87] Abdelsalam A,Luglio M,Roseti C,et al. TCP Wave: a new reliable transport approach for future Internet. ComputerNetworks,2017,112: 122-143.

[88] Srijith K N,Jacob L,Ananda A L. TCP Vegas-A: solving the fairness and rerouting issues of TCP Vegas. In Proc. of IEEE International Performance, Computing, and Communications Conference (IPCC),Phoenix,Arizona,USA,2003: 309-316.

[89] Zhou W,Xing W,Wang Y,et al. TCP Vegas-V: Improving the performance of TCP Vegas. In Proc. of IEEE International Conference on Automatic Control and Artificial Intelligence(ACAI),Xiamen, China,2012: 2034-2039.

[90] Guo Y,Yang X,Wang R,et al. TCP Adaptive Vegas: Improving of TCP Vegas algorithm. In Proc. of IEEE International Conference on Information Science, Electronics and Electrical Engineering (ISEEE),vol. 1,Sapporo,Japan,2014: 126-130.

[91] Ding L,Wang X,Xu Y,et al. Vegas-W: An Enhanced TCP-Vegas for Wireless Ad Hoc Networks. In Proc. of IEEE International Conference on Communications(ICC),Beijing,China,2008: 2383-2387.

[92] Kim D,Bae H,Toh C K. Improving TCP-Vegas performance over MANET routing protocols. IEEE Transactions on Vehicular Technology,2007,56(1): 372-377.

[93] Liu Y-M ,Jiang X-H. An extended DCCP congestion control in Wireless Sensor Networks. In Proc. of IEEE International Workshop on Intelligent Systems and Applications(ISA),Wuhan,China,2009: 1-4.

[94] Ye L,Wang Z. A QoS-aware congestion control mechanism for DCCP. In Proc. of IEEE Symposium on Computers and Communications(ISCC),Sousse,Tunisia,2009: 624-629.

[95] Zaki Y,Pötsch T,Chen J,et al. Adaptive congestion control for unpredictable cellular networks. In Proc. of ACM Conference on Applications,Technologies,Architectures,and Protocols for Computer Communications(SIGCOMM),London,UK,2015: 509-522.

[96] Chiariotti F,Kucera S,Zanella A,et al. Analysis and design of a latency control protocol for multi-path data delivery with pre-defined QoS guarantees. IEEE/ACM Transactions on Networking,2019, 27(3): 1165-1178.

[97] Hasegawa G,Kurata K,Murata M. Analysis and improvement of fairness between TCP Reno and Vegas for deployment of TCP Vegas to the Internet. In Proc. of 8th IEEE International Conference on Network Protocols(ICNP),Osaka,Japan,2000: 177-186.

[98] Aijaz A,Dohler M,Aghvami A H,et al. Realizing the tactile internet: Haptic communications over next generation 5G cellular networks. IEEE Wireless Communications,2017,24(2): 82-89.

[99] Arun V,Balakrishnan H. Copa: Practical delay-based congestion control for the Internet. In Proc. of 15th USENIX Symposium on Networked Systems Design and Implementation(NSDI). Renton, Washington,USA: USENIX Association,2018: 329-342.

[100] Goyal P,Narayan A,Cangialosi F,et al. Elasticity Detection: A Building Block for Delay-Sensitive Congestion Control. In Proc. of the Applied Networking Research Workshop, Montreal, QC, Canada,2018.

[101] Shalunov S,Hazel G,Iyengar J,et al. Low Extra Delay Background Transport(LEDBAT). IETF, RFC 6817,2012.

[102] Mittal R,Lam V T,Dukkipati N,et al. TIMELY: RTT-based congestion control for the datacenter. ACM Computer Communication Review,2015,45(4): 537-550.

[103] Hock M,Neumeister F,Zitterbart M,et al. TCP LoLa: Congestion control for low latencies and high throughput. In Proc. of 42nd IEEE Conference on Local Computer Networks(LCN), Singapore,2017: 215-218.

[104] Mascolo S,Grieco L A,Ferorelli R,et al. Performance evaluation of Westwood+ TCP congestion control. Performance Evaluation,2004,55(1-2): 93-111.

[105] Wang R,Valla M,Sanadidi M,et al. Adaptive bandwidth share estimation in TCP Westwood. In: Proc. of IEEE GLOBECOM,Taipei,Taiwan,2002,3: 2604-2608.

[106] Li X, Yousefizadeh H. Robust EKF-based wireless congestion control. IEEE Transactions on Communications,2013,61(12): 1-13.

[107] Winstein K,Sivaraman A,Balakrishnan H. Stochastic forecasts achieve high throughput and low delay over cellular networks. In Proc. of 10th USENIX Conference on Networked Systems Design and Implementation(NSDI),Lombard,Illinois,USA,2013: 459-472.

[108] Chiariotti F,Kucera S,Zanella A,et al. Analysis and design of a latency control protocol for multi-path data delivery with predefined QoS guarantees. IEEE/ACM Transactions on Networking,2019, 27(3): 1165-1178.

[109] Fu C P,Liew S C. TCP Veno: TCP enhancement for transmission over wireless access networks. IEEE Journal on selected areas in communications,2003,21(2): 216-228.

[110] Cardwell N,Cheng Y,Gunn C S,et al. BBR: Congestion-based congestion control. ACM Queue, 2016,14(5): 20-53.

[111] Hock M,Bless R,Zitterbart M. Experimental evaluation of BBR congestion control. In Proc. of 25th IEEE International Conference on Network Protocols(ICNP),Toronto ,Ontario,Canada,2017: 1-10.

[112] Miyazawa K,Sasaki K,Oda N,et al. Cyclic performance fluctuation of TCP BBR. In Proc. of 42nd IEEE Annual Computer Software and Applications Conference(COMPSAC),Tokyo,Japan,2018: 811-812.

[113] Farrow P. Performance analysis of heterogeneous TCP congestion control environments. In Proc. of IEEE/IFIP International Conference on Performance Evaluation and Modeling in Wired and Wireless Networks(PEMWN),Paris,France,2017: 1-6.

[114] Zhong Z,Hamchaoui I,Khatoun R,et al. Performance evaluation of CQIC and TCP BBR in mobile network. In Proc. of 21st IEEE Conference on Innovation in Clouds, Internet and Networks and Workshops(ICIN),Paris,France,2018: 1-5.

[115] Atxutegi E, Liberal F, Haile H K, et al. On the use of TCP BBR in cellular networks. IEEE Communications Magazine,2018,56(3): 172-179.

[116] Li F,Chung J W,Jiang X,et al. TCP CUBIC versus BBR on the Highway. In Proc. of International Conference on Passive and Active Network Measurement(PAM). Cleveland,Ohio,USA: Springer, 2018: 269-280.

[117] Cardwell N,Cheng Y,Gunn C S,et al. A quick update on BBR in shallow buffers. In Proc. of IETF 100,Singapore,2017.

[118] Wang M, Cui Y, Wang X, et al. Machine learning for networking: Workflow, advances and opportunities. IEEE Network,2018,32(2): 92-99.

[119] Winstein K, Balakrishnan H. TCP ex Machina: Computer-generated congestion control. ACM SIGCOMM Computer Communication Review,2013,43(4): 123-134.

[120] Sivaraman A,Winstein K,Thaker P,et al. An experimental study of the learnability of congestion control. ACM Computer Communication Review,2014,44(4): 479-490.

[121] Dong M, Li Q, Zarchy D, et al. PCC: Re-architecting congestion control for consistent high performance. In Proc. of 12th USENIX Symposium on Networked Systems Design and Implementation(NSDI),Oakland,Califonia,USA,2015: 395-408.

[122] Dong M,Meng T,Zarchy D,et al. PCC Vivace: Online-learning congestion control. In Proc. of 15th USENIX Symposium on Networked Systems Design and Implementation(NSDI), Renton, Washington,USA,2018: 343-356.

[123] Kong Y,Zang H,Ma X. Improving TCP congestion control with machine intelligence. In Proc. of ACM SIGCOMM Workshop on NetworkMeets AI&ML(NetAI),Budapest,Hungary: ACM,2018: 60-66.

[124] Li W,Zhou F,Meleis W,et al. Learning-based and data-driven TCP design for memory-constrained IoT. In Proc. of IEEE International Conference on Distributed Computing in Sensor Systems (DCOSS),Washington,DC,USA,2016: 199-205.

[125] Silva A P,Obraczka K,Burleigh S,et al. Smart congestion control for delay- and disruption tolerant networks. In Proc. of 13th IEEE International Conference on Sensing, Communication, and Networking(SECON),London,UK,2016: 1-9.

[126] Nie X,Zhao Y,Li Z,et al. Dynamic TCP Initial Windows and Congestion Control Schemes Through Reinforcement Learning. IEEE Journal on Selected Areas in Communications, 2019, 37(6): 1231-1247.

[127] Li W,Zhou F,Chowdhury K R,et al. QTCP: Adaptive Congestion Control with Reinforcement Learning. IEEE Transactions on Network Science and Engineering,2018,6(3): 445-458.

[128] Schapira M,Winstein K. Congestion-Control Throwdown. In Proc. of 16th ACM Workshop on Hot Topics in Networks(HotNets),Palo Alto,California,USA,2017: 122-128.

[129] Zhang M,Mezzavilla M,Zhu J,et al. TCP dynamics over mmWave links. In Proc. of 18th IEEE International Workshop on Signal Processing Advances in Wireless Communications(SPAWC), Sapporo,Japan,2017: 1-6.

[130] Azzino T,Drago M,Polese M,et al. X-TCP: A cross layer approach for TCP uplink flows in mmWave networks. In Proc. of 16th Annual Mediterranean Ad Hoc Networking Workshop (MedHoc-Net),Budva,Montenegro,2017: 1-6.

[131] Polese M,Mezzavilla M,Zhang M,et al. milliProxy: A TCP proxy architecture for 5G mmWave cellular systems. In Proc. of 51st Asilomar Conference on Signals,Systems,and Computers,Pacific Grove,California,USA,2017: 951-957.

[132] Naman A T,Wang Y,Gharakheili H H,et al. Responsive high throughput congestion control for interactive applications over SDN-enabled networks. Computer Networks,2018,134: 152-166.

[133] Shiang H,van der Schaa M. A quality-centric TCP-friendly congestion control for multimedia transmission. IEEE Transactions on Multimedia,2012,14(3): 896-909.

[134] Habachi O,Shiang H-P,van der Schaar M,et al. Online learning based congestion control for adaptive multimedia transmission. IEEE Transactions on Signal Processing, 2013, 61(6):

1460-1469.

[135] Aghdam S M, Khansari M, Rabiee H R, et al. WCCP: A congestion control protocol for wireless multimedia communication in sensor networks. Ad Hoc Networks, 2014, 13: 516-534.

[136] Lu F, Du H, Jain A, et al. CQIC: Revisiting cross-layer congestion control for cellular networks. In Proc. of 16th ACM International Workshop on Mobile Computing Systems and Applications (HotMobile), Santa Fe, New Mexico, USA: ACM, 2015: 45-50.

[137] Alfredsson S, Del Giudice G, Garcia J, et al. Impact of TCP congestion control on bufferbloat in cellular networks. In: Proc. of 2013 IEEE 14th International Symposium and Workshops on a World of Wireless, Mobile and Multimedia Networks (WoWMoM), Madrid, Spain, 2013: 1-7.

[138] Jiang H, Liu Z, Wang Y, et al. Understanding bufferbloat in cellular networks. In: Proc. of the 2012 ACM SIGCOMM workshop on Cellular networks: operations, challenges, and future design, Helsinki, Finland, 2012: 1-6.

[139] Callegari C, Giordano S, Pagano M, et al. Behavior analysis of TCP Linux variants. Computer Networks, 2012, 56(1): 462-476.

第2章

可靠传输协议热点问题综述

网络动态变化使得TCP在网络带宽利用率、时延和丢包率等方面的性能明显下降，特别是在高带宽时延积网络、无线网络、数据中心网络和5G网络中。本章将针对可靠传输协议在这些网络中的性能问题，对典型的解决方案进行分析总结。

2.1 高带宽时延积网络传输性能

2.1.1 带宽利用率问题

如前所述，标准TCP采用加性增长、乘性减少的窗口调整规则来探测网络带宽，在开始阶段，窗口增加较为保守，在检测到丢包时过快降低拥塞窗口，需要较长的时间才能达到满带宽利用率[1]。另外，TCP流的吞吐率与RTT成反比，RTT越大，TCP吞吐率越小。因此在高速或长时延网络中TCP的带宽利用率会大大降低。

针对TCP在高带宽时延积网络中带宽利用率低的问题，研究者提出了大量高速TCP。这些协议分为基于丢包的、基于时延的以及基于丢包和时延的混合协议，其协议特点如下。

1. 基于丢包的协议

基于丢包的协议主要通过修改TCP拥塞避免阶段的AIMD机制来实现比TCP Reno更快的窗口增加和更慢的窗口减小机制，从而在高速网络中实现更高的吞吐率。下面介绍几种比较典型的协议改进机制。

HSTCP(high speed TCP)[2]和STCP(scalable TCP)[3]采用动态的AIMD因子。其中HSTCP的拥塞窗口更新如下：

增加：$w=w+\alpha/w$

减小：$w=(1-\beta)\times w$

即AIMD因子随当前拥塞窗口值变化。

STCP的拥塞窗口更新如下：

增加：$w=w+0.01$

减小：$w=w-0.125w$

可见HSTCP和STCP在丢包时窗口减小的程度小于TCP Reno，因此能够大大减少拥塞恢复时间。同时，这种机制会对使用标准TCP的背景流量产生不公平的影响。研究表明，HSTCP和STCP都不具备RTT公平性[4]。

BIC TCP(binary increase congestion TCP)[4]采用二分法寻找最优的拥塞控制窗口。即当发生丢包时，BIC TCP将当前的窗口记为W_{max}，而将减小后的窗口(减小12.5%)记为W_{min}，并在这两个值之间寻找最优的拥塞窗口值。BIC TCP在高速网络中实现了较好的可扩展性、公平性和稳定性。但BIC TCP的拥塞窗口增长函数对于其他TCP来说太激进，而且窗口控制较复杂，增加了协议实现和性能分析的复杂性[5]。

Cubic TCP[5]是BIC TCP的一个改进版本，它简化了BIC TCP的窗口控制并增强了TCP友好性。它采用式(2.1)所示的三次函数来更新拥塞窗口：

$$W(t)=C(t-K)^3+W_{max} \tag{2.1}$$

式中，C为扩展因子，t是从上次丢包到现在经历的时间，K是函数中从W增加到W_{max}所需的时间(假定在此期间没有丢包)，K由式(2.2)计算：

$$K=\sqrt[3]{W_{target}\beta/C} \tag{2.2}$$

式中，β是窗口减小因子。可以看出，Cubic TCP的窗口调整独立于RTT，因此也具有较好的RTT公平性。

综上，基于丢包的协议采用丢包作为拥塞的标志，能够尽快探测可用带宽，但是这样的机制会导致传输速率频繁振荡，分组充满路由缓存，速率的剧烈增加和减小会增加中间路由器的负担，从而导致严重拥塞，特别是在高速网络中振荡越发明显。

2. 基于队列时延的协议

Fast TCP[6]是典型的基于队列时延的高速TCP改进版本，它是TCP Vegas的高速版本。它主要使用队列时延来检测拥塞程度，同时以丢包信息作为补充。在稳定状态，Fast TCP根据估计到的平均RTT和平均队列时延，周期性地对拥塞窗口进行更新，更新公式如下：

$$W=\min\left\{2w,(1-\gamma)w+\gamma\left(\frac{\text{baseRTT}}{\text{ave\_RTT}}w+\tau\right)\right\} \tag{2.3}$$

式中，w为拥塞窗口大小，τ是协议在稳定态时路由器队列中缓存的分组数，$\gamma\in(0,1]$，baseRTT是至今观测到的最小RTT，ave_RTT是平均RTT。当检测到丢包时，Fast TCP将拥塞窗口减半。

考虑到当网络严重拥塞时无法获得准确的队列时延信息，此时Fast TCP以丢包作为拥塞信息，调整拥塞窗口。当网络拥塞程度不严重时，Fast TCP使用时延作为拥塞信息，可以很快达到平衡状态。与基于丢包的协议相比，基于时延的协议能够很快聚合并达到稳定状态，获得较高的平均吞吐率。但是基于时延的协议对队列时延比较敏感，如何实现准确的RTT测量估计是Fast TCP的技术瓶颈。

3. 基于丢包和时延的混合协议

为了弥补上述两种方法存在的缺陷，研究者提出基于丢包和时延的混合方法，这些方法能根据RTT估计网络的拥塞程度，并根据拥塞程度自动切换它们使用的拥塞控制模式或TCP窗口更新函数。

CTCP(Compound TCP)[7]在标准TCP的拥塞避免算法中引入基于时延的组件，拥塞窗口由基于丢包的窗口(cwnd)和基于时延的窗口(dwnd)两部分组成，即win=cwnd+dwnd。

win 的更新与 HSTCP 类似，cwnd 的更新遵循 TCP Reno 的规则，而 dwnd 的更新与时延相关，即

$$\mathrm{dwnd}(t+1)=\begin{cases}\mathrm{dwnd}(t)+(\alpha\,\mathrm{win}(t)^k-1)^+, & \mathrm{diff}<v\\ (\mathrm{dwnd}(t)-\xi\,\mathrm{diff})^+, & \mathrm{diff}\geqslant v\\ (\mathrm{win}(t)(1-\beta)-\mathrm{cwnd}/2)^+, & \text{丢包}\end{cases} \tag{2.4}$$

式中，v 和 ξ 为常数，α、β、k 是取值在 0～1 之间的 3 个可调参数，$(\cdot)^+$ 表示 $\max(\cdot,0)$。与 TCP Vegas 类似，CTCP 利用 RTT 估计队列中的分组数(diff)，diff$<v$ 表示拥塞程度较轻，反之表示拥塞程度加重，丢包时表示严重拥塞，根据不同的拥塞程度控制 dwnd 的取值。CTCP 在仿真和真实网络环境中均表现出良好的性能，并已在 Windows 操作系统中实现，但由于采用 RTT 估算队列中的分组数，因此继承了 Vegas 的弱点，如先后进入的流，由于测量的最小 RTT 不同，导致后进入的流获得更大的带宽使用。

TCP Illinois[8] 以丢包作为拥塞控制的主要信息，时延为次要信息，其窗口更新如下：

增加：$w=w+\alpha$

减小：$w=w-\beta w$

式中，参数 α 和 β 的值由时延决定，并设置了最大值和最小值。当拥塞窗口小于 10 时，分别设为 1 和 0.5，即采用 TCP Reno 的窗口更新方式。TCP Illinois 能够实现比 TCP Reno 更高的带宽利用率，以及更好的公平性。虽然时延信息仅作为拥塞控制的次要信息，可一旦时延估计不准确，有可能导致 TCP Illinois 进入 TCP Reno 模式，只能实现与 TCP Reno 相同的性能。

HCC TCP[9] 主要解决反向流量对 RTT 估计的影响问题，它采用时间戳来记录单向时延。HCC TCP 开始时使用基于时延的组件，当发生丢包后使用基于丢包的组件。

基于丢包和基于时延的组件中拥塞窗口的计算公式如下：

基于丢包的组件：
$$w_{\mathrm{tar}}=(w_{\max}-w_{\min})/2 \tag{2.5}$$

式中，$w_{\max}$ 和 $w_{\min}$ 分别表示丢包时的窗口大小和当前窗口大小。

基于时延的组件：
$$w_a(t)=\frac{k}{\mathrm{ave}Q(t)}\mathrm{ave}D(t) \tag{2.6}$$

式中，k 为常数，ave$Q(t)$ 和 ave$D(t)$ 分别表示前向链路的队列时延和 RTT。

HCC TCP 能够在一定程度上避免反向流量对 RTT 估计的影响，保证在这种情况下实现较高的吞吐率和较好的公平性，然而对于其他可能影响 RTT 估计准确性的情况(如大量丢包、路径变化造成传播时延变化等)仍然可能造成在高速网络中带宽利用率低的问题。

以上协议主要是从拥塞控制方面对高速网络中 TCP 的改进，除此之外，也有一些研究是针对差错控制机制进行的改进，例如 Rajesh 等提出的显式传输错误通告(explicit transport error notification，ETEN)机制[10]。但是，ETEN 仍然有许多问题有待继续研究，目前还不能真正用于实际中。SNACK[11-12] 是对 ACK 确认机制的改进。它结合了 NAK 和 SACK 的优点。选项中仅用一位就能标识需要重传的报文段，大大提高了效率。SNACK 最初是针对长时延的卫星网络性提出的，后来也有研究者将其用于无线网络以提高 TCP 在无线网络中的性能[13-15]，文献[16]将 SNACK 用于高带宽时延积网络中并进行改进，提出 SNACK-A TCP，通过仿真实验证明该协议能够提高 TCP 在高带宽时延积网络

中的性能。

2.1.2 路由器过度缓存问题

路由器过度缓存问题是指，由于网络中路由器使用较大缓存容量以及 TCP 中基于丢包的拥塞控制机制，使得大量包充满缓存，增加了数据包在路由器中的排队时延，最终导致网络时延剧增[17]。虽然这不是什么新问题[18]，但随着近几年网络流量不断增加，这种情况也变得更加严重。

针对路由器过度缓存问题，研究者提出了采用 AQM 技术以及低优先级拥塞控制两类解决方案。

1. AQM 技术

研究者认为使用先进先出(FIFO)队列管理时，TCP 拥塞控制算法会让数据包充满整个队列，这是因为 TCP 只有在看到丢包时才能探测到拥塞，而 FIFO 队列只有在队列满时才会丢包。AQM 技术在缓存中使用与 FIFO 队列不同的调度和丢包方式，从而降低排队时延。

主动队列管理并不是一个新的研究领域，早在 20 世纪 90 年代就已经提出了随机早检测算法 RED[19]、随机公平队列 SFQ[20] 和 DRR[21]，之后提出了 CHOKe[22]，而在最近提出了 CoDel[23]。此外，IETF 还专门成立了 AQM 工作组进行相关的研究[24]。RED 的基本思想是通过监控路由器输出端口队列的平均长度来探测拥塞，一旦发现网络接近拥塞，就随机地选择连接来通知拥塞，使它们在队列溢出导致丢包之前减小拥塞窗口，降低发送数据速率，从而缓解网络拥塞。SFQ 是一种典型的公平队列调度方式，它只需要很小的计算量即可实现较高的公平度。SFQ 调度的核心是“流”(针对 UDP 数据)或“连接”(针对 TCP 数据)。数据流量被分配到多个 FIFO 队列中，每个 FIFO 队列对应一个流或一个连接，数据按照简单轮转的方式发送，每个流或连接都按顺序得到发送机会。这种调度方式保证了每一个流或连接都不会被其他流量所淹没。DRR 也属于一种公平队列，它为每个队列赋予一个计数器，在每次轮转时，只有待发分组长度小于计数器值，才允许发送分组。CHOKe 的基本思想是选择并保留友好的流，即当一个包到达拥塞的路由器时，从 FIFO 队列中随机地挑选出一个包进行比较。若它们属于同一个流，则这两个包都被丢弃；否则，被挑出的包留下，而刚到达的包则依某种概率被丢弃。CoDel 用于改善网络链路中的过度缓存现象，它通过控制路由器缓存窗口中分组经历的最小时延来管理队列，其目标是将这个最小时延控制在 5ms 以下。若最小时延超出了允许的最大值，则依概率丢弃缓存窗口中的分组。以上基于 AQM 的方案均需要路由支持，在目前的网络中并未广泛使用。

2. 低优先级拥塞控制机制

低优先级拥塞控制机制是指传输的优先级低于尽力而为服务的拥塞控制机制。目前也已提出了许多低优先级(或背景)传输方案，例如 NICE[25]、TCP-LP[26] 以及最近提出的 LEDBAT[27]。NICE 采用与 TCP Vegas 类似的基于时延的方法，并进行扩展。它统计一个 RTT 内经历较长时延的分组数，当分组数超出某个阈值时，就认为网络出现早期拥塞，于是 NICE 对拥塞窗口采取乘性减少的方式。而 TCP-LP 则是增强 TCP New Reno 基于丢包的行为，它对观察到的单向时延进行加权平均，并与当前的单向时延比较来探测早期拥塞。若探测到早期拥塞，则 TCP-LP 将速率减半，然后进入推断(inference)阶段，在这个阶段内，若进一步探测到了拥塞，则拥塞窗口将被设为 0，然后重启 TCP New Reno 行为。NICE 和 TCP-LP 通过引入时延来预测拥塞，并乘性减小拥塞窗口，但是时延的测量常常存在误差[27]，不能实现准确的预测，仅以当前时延的变化来对拥塞进行判断，可能会产生误判，从而影响协议实现的吞吐率以及公平性。LEDBAT 通过引入一个有界的额外时延实现低优先级的传输，即当排队时延到达一个给定的目标值时，LEDBAT 就降低传输速率以确保排队时延不超出设定的目标值。从应用的角度来说，TCP-LP 和 NICE 虽然 10 年前就已经在 Linux 系统中实现，但是极少被使用。这些拥塞控制机制提供更低优先级的服务，以减少高优先级流的时延和网络拥塞，同时保证充分利用网络链路的剩余带宽。然而，在网络空闲时，它们却无法保证充分利用网络带宽；此外，在与基于丢包的拥塞控制机制共存时，可能会出现明显的公平性问题。

2.2 带宽受限网络传输性能

针对 TCP 在带宽受限网络中的性能问题，一方面，一些协议通过修改拥塞控制机制来提升带宽受限网络的传输性能，如 TCP Peach[28] 通过引入 dummy 分组来探测可用带宽，从而改善 TCP 在卫星网络中的性能。Podlesny 等[29] 提出一个非对称队列机制，以针对带宽不对称的家用网络实现瓶颈链路带宽的充分利用。虽然这些方法能够通过优化拥塞控制算法改善带宽利用率，但由于本质上并未减少链路上传输的数据量，因此在带宽有限的网络上，吞吐率方面的性能提升仍然受限。

另一方面，由于数据压缩可减少网络链路中实际传输的数据量，从而提升网络传输性能。于是研究者利用压缩技术来提高数据在网络中的传输效率。在 TCP/IP 协议栈中，压缩操作可在应用层、网络层、链路层和传输层中执行。

应用层数据压缩，即数据到达操作系统或 TCP/IP 协议栈进行传输前被压缩。这些研究包括文件传输协议(FTP)[30] 以及文献[31]和[32]。由于应用程序能感知数据内容，因此根据数据类型可以选择最恰当的压缩算法以实现较高的传输性能。然而，应用层的压缩对用户和应用程序而言都是不透明的，因此要修改所有用户的应用程序在真实网络中是不太现实的。

网络层压缩是在 TCP 分段添加 IP 头部前进行。最著名的分组压缩技术是 RFC 3173 中的 IPComp[33]，此外文献[34]和[35]也通过压缩 IP 包负载来增强低速率或拥塞链路上一对节点之间的通信性能。由于网络层压缩会对 TCP 头部进行压缩，因此当分组经过一个四层交换机或防火墙时，与 TCP 连接相关的信息，如端口号将无法识别。此外，当 TCP 分段被重传时，网络层还需要执行额外的压缩，造成资源浪费。

链路层数据压缩在数据传输到网络链路之前整个包被压缩，压缩后的包到达链路另一端后被解压。CCP[36] 作为链路层的压缩机制已在 RFC1962 中被提出。Chawla 等[37] 针对 IEEE 802.11 设计并实现了一个数据包压缩机制，并研究了该机制对压缩效率和吞吐率的影响。链路层压缩可以加速传递过程，提供更高的可用带宽的利用率。但是，由于包含了路由信息的 IP 头部被压缩，所以每一段链路上传输的包都要在链路的两个端点处分别进行压缩和解压过程。这将会产生大量开销，而且链路层压缩必须在硬件上实现。

传输层数据压缩可以在传输协议的用户负载中进行，例如在添加 TCP 头部前对 TCP 负载进行压缩。文献[38]进行了大量实验来评价 Cisco 设备的性能，这些设备采用了流优化和数据压缩的方法。实验考察了单条流、多条流以及不同缓存的情况，结果显示这一方法对 TCP 吞吐率具有多方面的改善。Lee 等[39]提出了一个系统内核级的 TCP 数据压缩方案，它将每个单独的 TCP 数据段的负载进行压缩，该方案对现有的应用透明，而且能够实现高速无线通信。方案初步研究了实现压缩的相关难点问题，然而文章没有给出详细的解决方案和深入的分析。

2.3　数据中心网络传输性能

随着云计算框架的大规模部署，大型数据中心的集中化程度更高，流量负载也不断增加。数据中心的网络特性和通信流量特性容易引发大量性能问题，使得传统 TCP 在其中的运行效率大大较低。其中较为突出的就是 TCP Incast。当多个发送方向同一个接收方发送数据时，就会出现多条数据流竞争同一交换机的出口缓冲队列，使得缓冲区溢出，产生丢包，导致吞吐率急剧下降。

过去几年间，为解决 TCP Incast 问题，研究者提出了各种传输协议。这些方案大致分为四类：调节参数的方法、基于 ECN 的方法、基于时延的方法、主动拥塞控制方法。

1. 调节参数的方法

TCP Incast 是一种相对复杂的情况，它涉及很多系统参数。一些学者尝试通过调节参数来缓解 TCP Incast 问题，如改变数据块大小、增大缓存、增加容量等[40]。Facebook 的研究人员曾提出限制并发流的数目，以缓解此问题[41]。

另外，也有研究者通过修改最小 RTO 的值和取消 ACK 时延机制来解决 TCP Incast 问题。

TCP 最小 RTO 的默认值为 200ms，这个值适用于广域网中。然而数据中心网络的 RTT 一般为 100μs，每个数据块的传输时间远小于最小 RTO，无法及时探测到重传超时，也就无法及时探测到拥塞的程度。文献[42]将最小 RTO 的值从 200ms 改为 200μs，仿真实验表明该方法大大提高了有效吞吐率。然而该文献也指出，根据 RTO 估计算法，将最小 RTO 改为 200μs，意味着 TCP 时钟粒度需达到 100μs。而当前 BSD TCP 和 Linux TCP 的实现无法提供如此高精度的定时器。

TCP 采用 ACK 时延机制试图减小 ACK 流量。在 Linux 中默认的 ACK 时延最小为 40ms，而在数据中心网络中，最小 RTO 低于 40ms。也就是说，由于 ACK 时延，有可能在收到 ACK 之前 RTO 已超时，使发送端误认为丢包。文献[42]中的实际网络实验结果表明，当服务器超过 8 台时，取消 ACK 时延后的有效吞吐率得到少量提升。

由此可见，修改 TCP 参数对 TCP Incast 问题的改善很有限。

2. 基于 ECN 的方法

基于 ECN 的方法利用路由器中的 ECN 标记，通过 ACK 将拥塞情况反馈给发送方，以实现对网络拥塞的及早反馈。由于该方法简单有效，已广泛应用于数据中心网络中，如 DCTCP[43]、D^2TCP[44]、L^2DCP[45]等。其中 DCTCP 由于在吞吐量和时延方面具有良好的性能，在学术和工业领域中越来越受欢迎，因此已被集成到 Linux 内核[46]和 Windows Server 2012[47]中，并部署在谷歌[48]和摩根士丹利[49]的数据中心网络中。

DCTCP 使用显式拥塞通告(explicit congestion notification，ECN)为网络中的端主机提供显式拥塞反馈。当分组到达中间交换机时，如果队列长度超过某个阈值，这个分组就会被标记。接收端会对每个分组进行确认，对于被标记过的分组，在发回的 ACK 中会设置 ECN-Echo 标志。发送端在每个 RTT 内估计一次被标记的分组比例 δ。当收到带有 ECN-Echo 标志的 ACK 时，DCTCP 就会修改窗口如下：

$$\text{cwnd} = \text{cwnd} \times (1 - \delta/2) \tag{2.7}$$

理论分析和实际实验均显示 DCTCP 在数据中心网络中能实现较好的性能，即保持较低的缓存占用，同时实现较高的吞吐率。但有研究指出要找到一台支持 ECN 的交换机很难[50]，因此很难实现对硬件的广泛部署。

为了提高 DCTCP 的性能，研究者提出了一些 DCTCP 的改进方法。为了提高 DCTCP 的收敛性，有研究者提出了 ICTCP 算法[51]。ICTCP 是基于接收方的协议，接收方在丢包前主动调节 TCP 的接收窗口。通过接收到的流量估计可用带宽 BW_A，然后利用式(2.8)和式(2.9)分别计算期望的吞吐率以及测量到的吞吐率和期望的吞吐率之差与期望的吞吐率之比，并根据这个比值调整接收窗口。

$$b_i^e = \max(b_i^m, \text{rwnd}_i / \text{RTT}_i) \tag{2.8}$$

$$d_i^b = (b_i^e - b_i^m) / b_i^e \tag{2.9}$$

式中，b^m 是测量到的吞吐率，b^e 是期望达到的吞吐率，rwnd 和 RTT 分别是接收窗口和 RTT。d^b 是测量到的吞吐率和期望的吞吐率之差与期望的吞吐率之比。实际网络实验结果表明，ICTCP 对于 TCP Incast 几乎实现了零超时，对于避免拥塞很有效，同时它能提供较高的吞吐率和公平性。

文献[52]提出了使用双阈值的多个拥塞点和使用窗口调整机制的拥塞反馈方法，通过减少超时次数来提高 DCTCP 的性能。Pulser[53]利用由交换机生成的显式 Incast 通告(explicit incast notification，EIN)进行窗口调节。它基于 EIN 检测 Incast，若检测到 Incast 则大幅减少拥塞窗口，一旦 Incast 结束则恢复发送速率。Pulser 使用 EIN 代替 ECN 来实现快速准确的 Incast 检测，但 EIN 的使用将增加交换机额外的处理开销。

还有一些研究在 DCTCP 的基础上进行了扩展。文献[54]提出了一个高带宽、超低时延框架(high-bandwidth ultra-low latency，HULL)，其目的是同时实现低传输时延和高带宽利用率。文献[55]提出了一种基于并发流数量的动态 ECN 标记阈值算法 DEMT 以及增强型的 DEMT 算法来预测网络拥塞程度，并将 DEMT 算法与 DCTCP 结合。D^2TCP 在 DCTCP 的基础上，根据 ECN 和任务的截止完成时间，结合伽马函数，动态调整拥塞窗口。L^2DCP 基于 DCTCP，采用了最小服务(least attained service，LAS)的调度规则来缩短流的完成时间，其中拥塞窗口由网络拥塞程度和当前已发送的数据量共同决定，从而保证在长流和短流共存时，让短流获得较高带宽。

3. 基于时延的方法

基于时延的方法主要通过 RTT 测量值产生时延信息，并根据此信息来判断拥塞情况，进而调节拥塞窗口，如前述的 TCP Vegas、FAST TCP，以及 TIMELY[56]和 DX[57]，基于时延的方法至少需要两个 RTT 时间才能检测到拥塞，而且 RTT 的测量常常受到网络诸多因素的影响,因此,检测的速度和准确性没有基于 ECN 的方法高。

4. 主动拥塞控制方法

主动拥塞控制方法是利用网络中的设备或者发送探测包的方式来获取网络的拥塞状态。ExpressPass[58]是一种用于数据中心的端到端时延约束的拥塞控制方法,在发送数据包之前 ExpressPass 通过主动发送信用分组来探测网络带宽变化,进行拥塞控制,以限制传输时延并实现快速收敛。这种方法使用探测分组探测网络拥塞,无形中增加了网络负载,可能加剧网络拥塞。

随着数据中心的进一步发展,美国斯坦福大学 Clean State 提出了基于软件定义网络(SDN)的新型网络架构[59]。在 SDN 中,数据分组的转发与控制被分开[60]。因此许多学者基于 SDN 可统计全局网络的特性提出了解决 Incast 问题的相关方案。如 Ghobadi[61]等提出的 Open TCP,由 SDN 控制器向 ToR 交换机发送拥塞更新信号,交换机再向其反馈,接着拥塞控制代理再根据反馈信息调整 TCP 的拥塞窗口和 RTO 参数来降低网络丢包的可能性。RecFlow[62]基于 SDN 架构,利用 OpenFlow 可统计全局网络路径的特性,动态跟踪不断变化的瓶颈带宽,改变传输速率,从而实现拥塞控制。陆一飞[63]等提出一种基于 SDN 的 TCP 拥塞控制机制 TCCS,当 OpenFlow 交换机检测到网络拥塞,将产生拥塞消息并发送至控制器,控制器通过调整背景数据流 ACK 报文的接收窗口来限制相应数据流的发送速率。利用 SDN 的全局视角,TCCS 可以精确地降低背景数据流的速率来保证突发数据流的性能。

2.4 5G 网络传输性能

毫米波通信是未来 5G 移动网络的基础技术之一,其特点是高带宽、低时延,信道动态变化,对信号阻塞、接收信号质量的大波动和突发的连接中断非常敏感。目前对于 5G 网络的传输性能,较多的研究集中在物理层和 MAC 层,但毫米波链路和传输层协议(如 TCP)之间的复杂交互仍未被深入研究。相关的研究主要围绕当前的 TCP 在 5G 网络中的性能分析来展开。

Polese M 等[64]使用 NS-3 毫米波模块及其在纽约市实际测量的信道模型,分析 Linux TCP/IP 协议栈在链路层重传和无链路层重传情况下的性能;分析在多个 LTE 和毫米波链路上使用多径 TCP(MP-TCP)的性能,说明了在不同条件下多径 TCP 和拥塞控制算法是提高吞吐量的最优组合。M. Zhang 等[65]通过仿真实验研究了影响 TCP 在 5G 毫米波链路上性能的诸多因素,这些因素包括拥塞控制算法的选择、边缘与远程服务器的使用、切换和多连接的存在、TCP 数据包大小、3GPP 协议栈的参数,证明 TCP 在毫米波链路上的性能高度依赖于这些因素的不同组合。L. Ding 等[66]针对已经为大量用户提供服务的全面部署的 5G 网络进行研究,通过实验分析 TCP 和多径 TCP(MPTCP)在 5G 上的性能和行为。研究结果表明,TCP 流量在 5G 网络中很难维持稳定的缓冲队列,但由于 TCP 性能对信号质量高度敏感,当移动环境下信号突然变差时,网络内缓冲区容易溢出,导致丢包。此外,实验表明,采用 MPTCP 可以聚合 5G 和 4G 路径上的可用带宽,但在当前 5G 和 4G 基站位于同一核心网络的部署模式下,MPTCP 不一定能提高通信可靠性。I. Petrov 等[67]提出了一个高级 5G-TCP,旨在通过防止回程流量的拥塞崩溃来确保 5G 移动网络中的高效数据传输,仿真实验显示可实现高达400Gbps的超高数据速率，但是其NS2仿真实验并非基于5G的毫米波模块，因此并不能体现出该协议在5G网络中的性能。

2.5 可靠传输协议对动态网络的适应性

迄今为止已有大量针对不同网络环境的TCP版本出现。它们针对不同的网络环境，使用了不同的拥塞控制机制，实现不同的性能增益。例如目前的Linux操作系统中就包含有13个不同的TCP版本[68]，但是这些TCP版本并不能根据当前的网络环境或网络状态的变化，自动选择最适合的拥塞控制机制。因此需要研究动态，网络中自适应的传输协议。

为了适应动态变化的互联网环境，研究者提出了一些具有自适应方法的协议。

1. 基于AQM技术的协议

S. Floyd等[69]提出了一个自适应随机早检测算法，该算法可根据当前流量状态调节RED的参数。CoDel[70]是一种新型的主动队列管理方法，它可根据变化的链路速率自适应调节阈值参数，而且容易配置。

这些自适应算法只针对AQM网络，而由于实现的困难，AQM网络还未被广泛部署。因此，以上算法无法广泛用于当前的网络中。

2. 修改TCP参数

针对高速网络中带宽时延积的增加，TCP增加了初始拥塞窗口值[71]。最近的研究[72]也提出按月或年自动增加初始拥塞窗口值。RFC6928[72]提出，在出现性能问题时，可将TCP允许的初始窗口从RFC3390[73]中规定的2～4个数据段提高到10个数据段，文献通过几个大规模实验显示提高初始窗口可改善许多Web服务的总体性能而不会导致拥塞崩溃。但是，仅仅靠改变协议参数来改善协议性能，得到的提升是很有限的。

3. 设计增强型TCP

K. Winstein等[74]针对多用户网络，提出了一种新的端到端拥塞控制方法。它基于机器学习的方法，根据网络状态变化自动调整拥塞控制算法，以实现预定性目标。然而，这种方法看起来不太实用，因为：①它需要预先知道网络状况或做出一些假设，也需要协议设计者指定目标函数；②即使使用一个48核的服务器，Remy通常也需要离线运行数小时(即1、2个CPU-weeks)才能生成拥塞控制算法。此外，这个方法目前仅仅通过仿真实验评价，它与现有TCP改进版本的友好性仍不确定，因此在短期内不可能在互联网上部署。

Monia Ghobadi等[75]针对软件定义网络提出一个TCP自适应框架OpenTCP，其中网络操作器可以根据SDN控制器收集的网络和流量统计信息，依据一定规则为端主机定制TCP协议栈。作者在数据中心网络中实现OpenTCP并对其进行了评价。然而，OpenTCP需要SDN控制器协助，因此同样在短期内无法用于互联网中。

S. Sanadhya等[76]针对TCP流量控制机制在资源有限的移动设备中使用的效率问题，提出了自适应流量控制算法(adaptive flow control，AFC)。该算法同时根据接收方的可用缓存空间以及接收方应用程序读取数据的速率来自动调节接收窗口，进行流量控制。仿真实验表明，AFC相对于标准TCP的流量控制，可以获得明显的性能增益。但是这种方法仅仅是针对流量控制机制而非拥塞控制机制的优化。

2.6 本章小结

本章针对可靠传输协议在高带宽时延积网络、无线网络和数据中心网络中存在的性能问题以及对动态网络的适应性等热点问题的典型解决方法进行了总结，并分析了各种方法的性能，第3～7章将给出具体的研究方案和研究结果。

参考文献

[1] Ahmad M, Ngadi M A, Mohamad M M. Experimaental evaluation of TCP congestion control mechanisms in short and long distance networks. Journal of Theoretical and Applied Information Technology,2015,71(2): 153-166.

[2] Floyd S. HighSpeed TCP for large congestion windows. IETF RFC 3649,2003.

[3] Kelly T. Scalable TCP: improving performance in highspeed wide area networks. Computer Communication Review,2003,33(2): 83-91.

[4] Xu L,Harfoush K,Rhee I. Binary increase congestion control(BIC) for fast long-distance networks. In Proc. of IEEE INFOCOM,Hong Kong,China,2004,4: 2514-2524.

[5] Ha S,Rhee I,Xu L. CUBIC: a new TCP-friendly high-speed TCP variant. Operating Systems Review (ACM),2008,42(5): 64-74.

[6] Wei D X,Jin C,Low S H,et al. FAST TCP: Motivation,architecture,algorithms,performance. IEEE/ACM Transactions on Networking,2006,14(6): 1246-1259.

[7] Tan K,Song J,Zhang Q,et al. A compound TCP approach for high-speed and long distance networks. In Proc. of IEEE INFOCOM 2006,Barcelona,Catalunya,Spain,2006.

[8] Liu S,Başar T,Srikant R. TCP-Illinois: A loss and delay-based congestion control algorithm for high-speed networks. In Proc. of First International Conference on Performance Evaluation Methodologies and Tools(VALUETOOLS),Pisa,Italy,2006.

[9] Xu W,Zhou Z,Pham D T,et al. Hybrid congestion control for high-speed networks. Journal of Network and Computer Applications,2011,34(4): 1416-1428.

[10] Krishnan R,Sterbenz J,Eddy W,et al. Explicit transport error notification(ETEN) for error-prone wireless and satellite networks. Computer Networks,2004,46(3): 343-362

[11] Durst R C,Miller G J,Travis E J. TCP extension for space communications. Wireless Networks, 1997,3(5): 389-403.

[12] Space Communications Protocol Specification(SCPS),Transport Protocol(SCPS-TP). Recommendation for Space Data System Standards,CCSDS 714. 0-B-2,Blue Book,CCSDS,Washington DC,Issue 2,2006.

[13] Cheng R S,Lin H T. TCP selective negative acknowledgment over IEEE 802. 11 wireless networks. In: Proc. of the Int'l Conf. on Networking and Services(ICNS 2006). Silicon Valley,2006.

[14] Cheng R S,Lin H T. Improving TCP performance with bandwidth estimation and selective negative acknowledgment in wireless networks. Journal of Communications and Networks, 2007, 9(3): 236-246.

[15] Sun F,Li V O K,Liew S C. Design of SNACK mechanism for wireless TCP with new snoop. In: Proc. of the IEEE 2004 Wireless Communications and Networking Conference(WCNC' 2004). Atlanta,Georgia USA,2004,2: 1051-1056.

[16] Ren Y M, Tang H N, Li J, et al. Improving TCP performance with selective negative

acknowledgement in hybrid optical packet network. In: Proc. of the Int'l Conf. on Computer and Network Technology(ICCNT 2009). Chennai,India,2009: 122-128.

[17] Gong Y,Rossi D, Testa C, et al. Fighting the bufferbloat: on the coexistence of AQM and low priority congestion control. Computer Networks,2014,65: 255-267.

[18] Gettys J. Bufferbloat: Dark buffers in the Internet. Queue,2011,9(11): 40-54.

[19] Floyd S, Jacobson V. Random early detection gateways for congestion avoidance. IEEE/ACM Transactions on networking,1993,1(4): 397-413.

[20] McKenney P E. Stochastic fairness queueing. In: Proc. of INFOCOM '90, Ninth Annual Joint Conference of the IEEE Computer and Communication Societies, San Francisco, USA, 1990: 733-740.

[21] Shreedhar M, Varghese G. Efficient fair queueing using deficit round robin. ACM SIGCOMM Computer Communication Review,1995,25(4): 231-242.

[22] Pan R, Prabhakar B, Psounis K. CHOKe-a stateless active queue management scheme for approximating fair bandwidth allocation. In: Proc. of. Nineteenth Annual Joint Conference of the IEEE Computer and Communications Societies(INFOCOM 2000). Tel Aviv,Israel,2000: 942-951.

[23] Nichols K,Jacobson V. Controlling queue delay. Communications of the ACM,2012,55(7): 42-50.

[24] IETF AQM Working Group. http://datatracker. ietf. org/wg/aqm/documents/.

[25] Venkataramani A, Kokku R, Dahlin M. TCP Nice: A mechanism for background transfers. ACM SIGOPS Operating Systems Review,2002,36(SI): 329-343.

[26] Kuzmanovic A,Knightly E W. TCP-LP: A distributed algorithm for low priority data transfer. In: Proc. of INFOCOM 2003. IEEE Societies. San Francisco,CA,USA,2003: 1691-1701.

[27] Kuehlewind M,Hazel G, Shalunov S, et al. Low Extra Delay Background Transport(LEDBAT). IETF RFC6817,2012.

[28] Akyildiz I F,Morabito G,Palazzo S. TCP-Peach: a new congestion control scheme for satellite IP networks. IEEE/ACM Transactions on networking,2001,9(3): 307-321.

[29] Podlesny M,Williamson C. Improving TCP performance in residential broadband networks: a simple and deployable approach. ACM SIGCOMM Computer Communication Review,2012,42(1): 61-68.

[30] Postel J,Reynolds J. FILE Transfer Protocol(FTP). IETF RFC959,1985.

[31] Jeannot E. Improving Middleware Performance with AdOC: An Adaptive Online Compression Library for Data Transfer. In: Proc. of the 19th IEEE International Parallel and Distributed Processing Symposium(IPDPS'05),Denver,Colorado,2005.

[32] Gutwin C, Fedak C, Watson M, et al. Improving network efficiency in real-time groupware with general message compression. In Proc. of ACM 20th Anniversary Conference on Computer Supported Cooperative Work(CSCW 2006),Banff,Alberta,Canada,2006.

[33] Shacham A,Thomas M,Pereira R,et al. IP Payload compression protocol. IETF RFC 3173,2001.

[34] Tan L S,Lau S P, Tan C E. Enhanced compression scheme for high latency networks to improve quality of service of real-time applications. In Proc. of the 8th Asia-Pacific Symposium on Information and Telecommunication Technologies(APSITT 2010),Kuching,Sarawak,Malaysia,2010.

[35] Iyer T,Boreli R,Sarwar G,et al. DART: enhancing data acceleration with compression for satellite links. In Proc. of IEEE Global Telecommunications Conference (GLOBECOM 2009), Hawaii, USA,2009.

[36] Rand D. The PPP Compression Control Protocol(CCP). IETF RFC 1962,1996.

[37] Chawla S, Manoj B S. Dynamic data compression in wireless networks. In: Proc. of IEEE 5th International Conference on Advanced Networks and Telecommunication Systems (ANTS), Banalore,India,2011.

[38] Rao N S V, Poole S W, Wing W R, et al. Experimental analysis of flow optimization and data compression for TCP enhancement. In Proc. of IEEE INFOCOM 2009, Rio de Janeiro, Brazil, 2009.

[39] Lee M Y, Jin H W, Kim I, et al. Improving TCP goodput over wireless networks using kernel-level data compression. In Proc. of the 18th International Conference on Computer Communications and Networks(ICCCN 2009), San Francisco, CA USA, 2009.

[40] Phanishayee A, Krevat E, Vasudevan V, et al. Measurement and analysis of TCP throughput collapse in cluster-based storage systems. In: Proc. of 6th USENIX Conference on File and Storage Technologies(FAST'08), San Jose, CA, 2008.

[41] Nishtala R, Fugal H, Grimm S, et al. Scaling Memcache at Facebook. In Proc. of 10th USENIX Symposium on Networked Systems Design and Implementation, Lombard, IL, United States, 2013: 385-398.

[42] Vasudevan V, Phanishayee A, Shah H, et al. Safe and effective fine-grained TCP retransmissions for datacenter communication. ACM SIGCOMM Computer Communication Review, 2009, 39 (4): 303-314.

[43] Alizadeh M, Greenberg A, Maltz D A, et al. Data center TCP(DCTCP). ACM SIGCOMM Computer Communication Review, 2011, 41(4): 63-74.

[44] Vamanan B, Hasan J, Vijaykumar T. Deadline-aware Datacenter TCP (D^2TCP). ACM Computer Communication Review, 2012, 42(4): 115-126.

[45] Munir A, Qazi I A, Uzmi Z A, et al. Minimizing flow completion times in data centers. In Proc. of 2013 IEEE INFOCOM, Turin, Italy, 2013.

[46] DCTCP in Linux kernel 3.18. Available: https:// kernelnewbies.org / Linux_3.18, 2017.

[47] DCTCP in Windows server 2012. Available: https://www.thomasmaurer.ch/2012/07/windows-server-2012-datacenter-tcp-dctcp, 2012.

[48] Singh A, Ong J, Agarwal A, et al. Jupiter rising: A decade of clos topologies and centralized control in Google's datacenter network. ACM SIGCOMM computer communication review, 2015, 45(4): 183-197.

[49] Judd G. Attaining the promise and avoiding the pitfalls of TCP in the datacenter. In Proc. of 12th USENIX Symposium on Networked Systems Design and Implementation(NSDI'15), Oakland, CA, USA, 2015:145-157.

[50] Stewart Michael Tuxen R R, Neville-Neil G V. An investigation into data center congestion with ECN. In Proc. of 2011 Technical BSD Conference(BSDCan 2011), Ottawa, CA, 2011.

[51] Wu H, Feng Z, Guo C, et al. ICTCP: Incast congestion control for TCP in data center networks. In Proc. of The 6th International Conference on emerging Networking EXperiments and Technologies (CoNEXT), Philadelphia, USA, 2010.

[52] Sreekumari P. Multiple congestion points and congestion reaction mechanisms for improving DCTCP performance in Data Center Networks. Information, 2018, 9(6): 139.

[53] Almasi H, Rezaei H, Chaudhry M U, et al. Pulser: Fast congestion response using explicit incast notifications for datacenter networks. In Proc. of 2019 IEEE International Symposium on Local and Metropolitan Area Networks(LANMAN), 2019: 1-6.

[54] Alizadeh M, et al. Less is more: Trading a little bandwidth for ultra-low latency in the data center. In Proc. of USENIX NSDI, San Jose, CA, 2012.

[55] Lu Y, Fan X, Qian L. Dynamic ECN marking threshold algorithm for TCP congestion control in data center networks. Computer Communications, 2018, 129: 197-208.

[56] Mittal, Radhika, et al. TIMELY: RTT-based congestion control for the datacenter. ACM SIGCOMM Computer Communication Review, 2015, 45(4): 537-550.

[57] Lee C,Park C,Jang K,et al. DX: Latency-based congestion control for datacenters. IEEE/ACM Transactions on Networking,2017,25(1): 335-348.

[58] Cho I,Jang K,Han D. Credit-scheduled delay-bounded congestion control for datacenters. In Proc. of 2017 ACM SIGCOM,Los Angeles,CA,USA,2017.

[59] Monsanto C, Reich J, Foster N, et al. Composing software defined networks. In Proc. of 10th USENIX Symposium on Networked Systems Design and Implementation, Lombard, IL, United States,2013:1-13.

[60] 李丹. 数据中心网络的研究进展与趋势. 计算机学报,2014,37(2): 259-274.

[61] Ghobadi M,Yeganeh S H,Ganjali Y. Rethinking end-to-end congestion control in software-defined networks. In Proc. of the 11th Workshop on Hot Topics in Networks,Redmond,Washington,2012: 61-66.

[62] Khan A Z,Qazi I A. RecFlow: SDN-based receiver-driven flow scheduling in datacenters. Cluster Computing,2020,23(1): 289-306.

[63] 陆一飞,朱书宏. 数据中心网络下基于 SDN 的 TCP 拥塞控制机制研究与实现. 计算机学报,2017,40(09): 2167-2180.

[64] Polese M,Jana R,Zorzi M. TCP in 5G mmWave networks: Link level retransmissions and MP-TCP. In Proc. of 2017 IEEE Conference on Computer Communications Workshops (INFOCOM WKSHPS),Atlanta,GA,USA,2017: 343-348.

[65] Zhang M,Polese M,Mezzavilla M,et al. Will TCP work in mmWave 5G cellular networks?. IEEE Communications Magazine,2019,57(1): 65-71.

[66] Ding L,Tian Y,Liu T,et al. Understanding commercial 5G and its implications to(Multipath) TCP. Computer Networks,2021,198: 108401.

[67] Petrov I,Janevski T. Advanced 5G-TCP: Transport protocol for 5G mobile networks. In Proc. of 2017 14th IEEE Annual Consumer Communications & Networking Conference(CCNC),Las Vegas,NV,USA,2017: 103-107.

[68] Callegari C, Giordano S, Pagano M, et al. Behavior analysis of TCP Linux variants. Computer Networks,2012,56(1): 462-476.

[69] Floyd S,Gummadi R,Shenker S. Adaptive RED: An algorithm for increasing the robustness of RED's active queue management. Technical Report,ACIRI,2001.

[70] Dukkipati N, Refice T, Cheng Y, et al. An Argument for Increasing TCP's Initial Congestion Window. ACM SIGCOMM Computer Communication Review,2010,40(3): 26-33.

[71] Touch J. Automating the initial window in TCP. https://tools. ietf. org/html/draft-touch-tcpm-automatic-iw-02,2012.

[72] Chu J,Dukkipati N,Cheng Y,et al. Increasing TCP's initial window. IETF RFC 6928,2013.

[73] Allman M,Floyd S,Partridge C. Increasing TCP's initial window. IETF RFC 3390,2002.

[74] Winstein K, Balakrishnan H. TCP ex Machina: Computer-generated congestion control. ACM SIGCOMM Computer Communication Review,2013,43(4): 123-134.

[75] Ghobadi M,Yeganeh S H,Ganjali Y. Rethinking end-to-end congestion control in Software-Defined Networks. In Proc. of the 11th ACM Workshop on Hot Topics in Networks (HotNets-XI),Redmond,WA,2012: 61-66.

[76] Sanadhya S, Sivakumar R. Rethinking TCP flow control for smartphones and tablets. Wireless Networks,2014,20:2063-2080.

第3章

基于带宽利用率估计的TCP延迟更新模块研究

针对网络中增加传输时延的路由过度缓存问题，本章设计了一个 TCP 延迟更新模块，该模块可与其他 TCP 结合使用，具有较强的适应性。通过估计带宽利用率和测量时延抖动共同预测拥塞的临界点，增强了拥塞预测的准确性。在接近拥塞临界点前，适当减小拥塞窗口，或暂停窗口更新。仿真实验在 Cubic 中实现了 TCP 延迟更新模块，结果显示该模块能够在保证全网传输效率的同时，减少丢包，降低排队时延。

3.1 引言

路由过度缓存问题是由于路由缓存过大和 TCP 基于丢包的拥塞控制机制共同造成的。路由中过多的缓存数据会显著增加网络时延，很难保证对时延敏感的网络应用的需求。

正如第 2 章中综述的，解决过度缓存的方法主要有两类，一是采用 AQM 技术，通过与 FIFO 队列不同的调度和丢包方式，降低排队时延；二是采用端到端的方法，即使用优先级低于尽力而为服务的拥塞控制机制。AQM 技术需要中间路由的支持，短期内无法应用于互联网。而现有的低优先级拥塞控制机制由于公平性问题，也不适用于当前的网络中。本章选择改进 TCP 以缓解过度缓存问题，这是因为端到端的解决方法相比基于路由的方法，更加方便可行。

为了能有效缓解网络中的过度缓存问题，同时不影响网络整体的传输性能，本章设计并基于 Cubic 实现了一个 TCP 延迟更新模块，该模块通过引入带宽利用率和时延抖动共同预测拥塞的临界点。在即将发生丢包前，适当减小拥塞窗口，或延迟窗口更新，以避免加剧拥塞，减少不必要的丢包和排队时延。而网络不拥塞时则依照原有协议进行窗口更新。模块只有在探测到拥塞时才被启用，并不影响正常的窗口更新，更不会因为时延估计的误差导致公平性问题。仿真实验结果表明，延迟更新模块与原有协议共同实现拥塞控制，能够在保证整体传输效率的同时，有效减少丢包，降低排队时延，同时也具备较好的公平性和 TCP 友好性。

3.2 TCP 延迟更新概述

本节主要阐述 TCP 延迟更新方法的基本原理。由于 TCP 流量具有自相似性，即 TCP

流在开始时会采用激进的方式争夺带宽，当大量流进入后，瓶颈链路开始出现拥塞，链路上的所有流会几乎同时感知到丢包，但此时感知到丢包至少已滞后一个 RTT 的时间，其间的分组可能已丢失。如果能够提前感知到网络中即将丢包，然后适当减小拥塞窗口或者保持当前拥塞窗口大小，便可缓解拥塞，减少丢包，同时保证一定的带宽利用率。

本节设计了一个 TCP 延迟更新模块，可与现有的拥塞控制算法相结合，周期性地对网络拥塞进行预测。在探测到严重拥塞，即将丢包时，直接减小拥塞窗口；轻度拥塞时，保持当前拥塞窗口；而网络不拥塞时，使用原有的拥塞控制方法进行窗口更新。图 3.1 为使用 TCP 延迟更新模块后的拥塞窗口演变模型（以 Cubic 为例）。新协议根据估计的网络带宽利用率和时延抖动开始探测可用带宽，当探测到有轻度拥塞时，将启用 TCP 延迟更新模块，暂停更新窗口，即保持当前窗口大小一段时间，然后继续更新窗口、探测拥塞。当出现丢包并进行快速重传和恢复后，TCP 延迟更新模块重置相应的变量，并重新开始探测网络拥塞。在探测到网络严重拥塞时，TCP 延迟更新模块会将窗口适当减小，并保持一段时间，直到探测网络不拥塞时，恢复窗口更新。

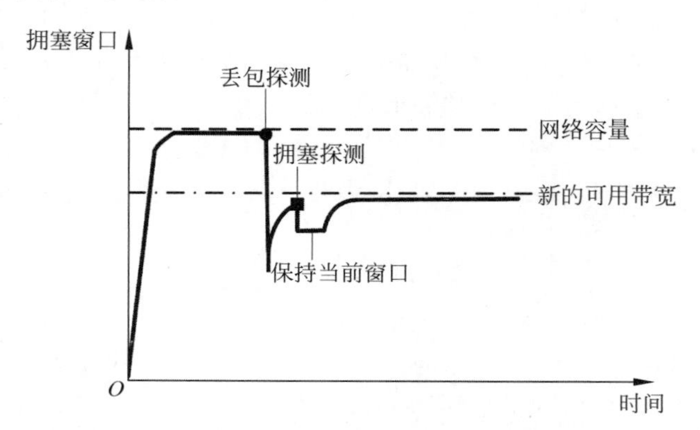

图 3.1 拥塞窗口演化模型（以 Cubic 为例）

3.3 TCP 延迟更新模块

本节将详细阐述 TCP 延迟更新模块的原理。模块主要包括两部分：网络拥塞的预测和窗口的更新控制。如图 3.2 所示，延迟更新模块周期性地预测网络拥塞情况，若预测到网络拥塞，则根据拥塞程度对窗口进行控制；若未发现网络拥塞，则进行正常的窗口更新。也就是说，模块只在预测到网络发生拥塞时会被调用，而在其他情况下并不影响原有协议的正常运行。

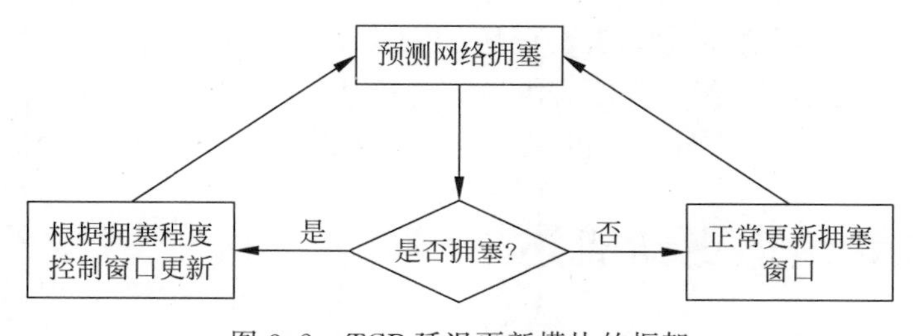

图 3.2 TCP 延迟更新模块的框架

3.3.1　基于带宽利用率的网络拥塞预测算法

与现有的拥塞控制方法不同，为了能够更准确地预测网络拥塞，模块采用多位控制信号进行预测，即带宽利用率和时延抖动，通过这两个关键参数估计可能遭遇的拥塞，提早控制速率，避免大量丢包，降低排队时延。模块每隔一段时间(记为 period)进行一次估计，并计算上一次估计至今的带宽利用率和相邻两次估计之间的时延抖动。带宽利用率和时延抖动的计算方法如下：

1. 带宽利用率 U

基于时延的拥塞控制方法(如 TCP Vegas)通过对短期排队时延的估计来探测网络拥塞(即直接使用当前 RTT 以及链路上的最小 RTT 参与窗口的更新)，能够及早感知网络拥塞，然而由于时延的估计存在误差，不能很好地反映网络拥塞情况。延迟更新模块并不根据排队时延的短期变化来指示拥塞，而是通过计算带宽利用率 U 来探测排队时延在一段时间内的总体变化趋势，于是可以降低个别误差值对拥塞估计的影响。模块通过式(3.1)来估计一定周期内瓶颈链路上的带宽利用率。

$$U = 1 - \frac{\text{noncongested\_num}}{\text{total\_num}} \tag{3.1}$$

式中，noncongested_num 表示周期内经历的 RTT 等于链路上的最小 RTT(min_RTT)的分组数，total_num 表示收到的分组总数。从式(3.1)可看出，只要收到的分组数足够多，那么少量时延估计的误差并不会对带宽利用率的估算产生太大的影响，因此能够保证拥塞估计的准确性。

2. 时延抖动 jitter

时延抖动反映了链路中时延的变化程度。模块对每次探测周期中所有传输的分组所经历的 RTT 求平均值。将相邻两次探测周期的平均 RTT 分别记为 ave_RTT 和 last_ave_RTT。模块利用相邻两次探测过程中计算的平均 RTT 之差作为时延抖动，即

$$\text{jitter} = \text{ave\_RTT} - \text{last\_ave\_RTT} \tag{3.2}$$

3.3.2　窗口更新控制方法

模块利用带宽利用率和时延抖动共同估计网络的状态，预测网络拥塞程度。根据网络拥塞程度调用不同的窗口更新方法。当 $0.99<U<1$ 且 jitter>0 时，认为网络拥塞，于是暂时中断原有拥塞控制方法的窗口更新策略，保持当前的拥塞窗口大小；当 $U=1$ 时，模块认为网络严重拥塞，将拥塞窗口适当减小，并启动定时器 suspend_timer，保持这个窗口一段时间，直到定时器超时，之后恢复原有的窗口更新策略。当 $U\leqslant 0.99$ 或 jitter≤0 时，模块认为网络已不拥塞，此时恢复原有协议的窗口更新策略。

3.3.3　TCP 延迟更新模块的具体方案

图 3.3 给出了 TCP 延迟更新模块的具体流程。模块以 period 为周期对网络拥塞进行预测，使用 suspend_flag 和 flag 标志来同时标示当前网络是否拥塞。其中 suspend_flag 的值由 3.3.1 节中定义的带宽利用率和时延抖动共同决定。当网络负载较重，即利用率 $U>0.99$ 且 jitter>0 时，设置 suspend_flag 为 1，尤其是当 $U=1$ 且 jitter>0 时，说明网络可能面临严重的拥

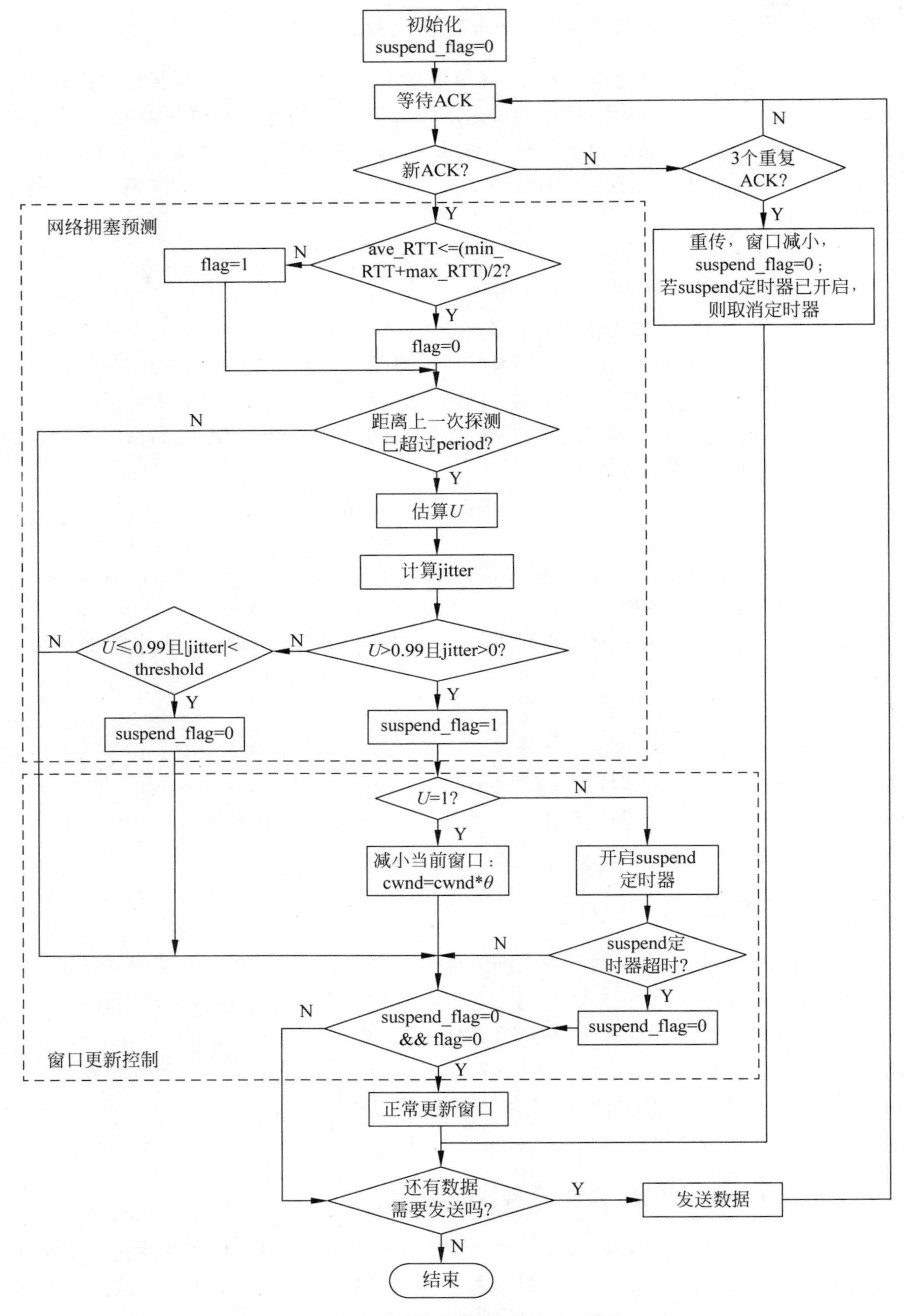

图 3.3 TCP 延迟更新方案流程图

塞,此时虽然还未检测到丢包,但为了避免加剧网络拥塞,造成大量丢包,于是模块提前将拥塞窗口减小为当前窗口的 θ 倍,同时开启 suspend 定时器;当网络负载变轻,即 $U \leqslant 0.99$ 且 $|jitter| < threshold$ 时,设置 suspend_flag 为 0。flag 用来辅助 suspend_flag 实现拥塞程度的估计,通过计算周期内的平均 RTT(即 ave_RTT),并与最大 RTT(即 max_RTT)、最小 RTT(即 min_RTT)相比较来设置 flag 的值,即当 ave_RTT≤(min_RTT+max_RTT)/2 时,说明拥塞并非很严重,设置 flag 为 0,否则设置 flag 为 1。只有当 suspend_flag 和 flag 同时为 0 时,才意味着网络已不拥塞,此时可根据原来的协议进行正常的窗口更新,否则说明网络有一定程度的拥塞,因此需要暂停窗口更新,保持当前窗口进行数据发送。

suspend 定时器一旦超时,suspend_flag 就恢复为 0,以保证在网络负载减小时能够使用正常的窗口更新策略及时探测到可用带宽,从而有效利用带宽资源。此外,当检测到丢包时,若 suspend 定时器已开启,则取消定时器,同时设置 suspend_flag 为 0,重新开始探测拥塞。suspend 定时器时间的设置会影响到模块的性能,若时间设置过长,则可用带宽增加时,模块可能无法及时感知,而使窗口较长时间处于较小的值,降低了带宽利用率;若时间设置过短,则可能无法有效控制窗口,达不到缓解进一步拥塞的作用。因此模块引入一个随机数对定时器进行设置,同时保证时长不超过会话过程中测量到的最小 RTT,具体设置如下:

$$\text{suspend\_timer} = \text{min\_RTT} \times \text{rand}, \quad \text{rand} \sim U(0,1] \tag{3.3}$$

式中,rand 为服从均匀分布的随机数。

3.4 仿真实验结果

Cubic TCP 具有扩展性好、稳定性高等特点,已作为默认的 TCP 版本广泛用于最近的 Linux 内核版本(Linux2.6.18 版本之后)中。此外,最近对网络中 5000 个最流行的 Web 服务器的研究显示,在这些服务器所使用的 TCP 版本中,TCP Reno 占 16.85%~25.58%,BIC/Cubic 占 44.5%,HSTCP/CTCP 占 10.27%~19%[1]。

TCP 延迟更新模块可作为一个单独的模块用于不同的端到端拥塞控制协议中,为了验证模块的有效性,本节基于仿真软件 OPNET Modeler[2] 在 Cubic 中实现延迟更新模块(记为 Cubic+),并与 Cubic 的性能进行比较。实验对比了不同网络场景以及不同大小的路由缓存下的带宽利用率、丢包数、公平性、友好性等性能。

3.4.1 实验拓扑

实验采用如图 3.4 所示的哑铃状拓扑结构,为了充分验证 TCP 延迟更新模块在广泛的网络环境中的有效性,本节将针对两种网络环境进行实验,即低带宽、低时延网络(瓶颈链路带宽为 2Mbps,往返时延 RTT 为 20ms)和高带宽、长时延网络(瓶颈链路带宽为 400Mbps,往返时延 RTT 为 120ms)。在低带宽、低时延网络环境中,链路的 BDP 仅为 500B,收发双方的接收缓存设为 1MB,实验中考虑远大于 BDP 的缓存 500KB 和接近于 BDP 的 50KB。高带宽、长时延网络中的链路 BDP 为 6MB,收发双方的接收缓存设为 6MB,实验中考虑在 BDP 之内的 1500KB(约为 1000 个分组)和 300KB(约为 200 个分组)。分组大小设为 1500B。每个仿真场景持续 200s。

值得注意的是，模块中拥塞估计的周期应该与拥塞控制算法中的任何定时器相互独立，也就是说，这些时间点与拥塞控制算法无关。互联网测量报告[3]中曾指出，75%～90%的数据流的RTT不超过200ms，根据图3.4的拓扑结构，将低带宽、低时延网络场景中的估计周期(period)设置为100ms，threshold设为30ms；将高带宽、长时延网络场景中的估计周期设置为200ms，threshold设为0.6ms。两种场景中均设置参数$\theta=0.9$。

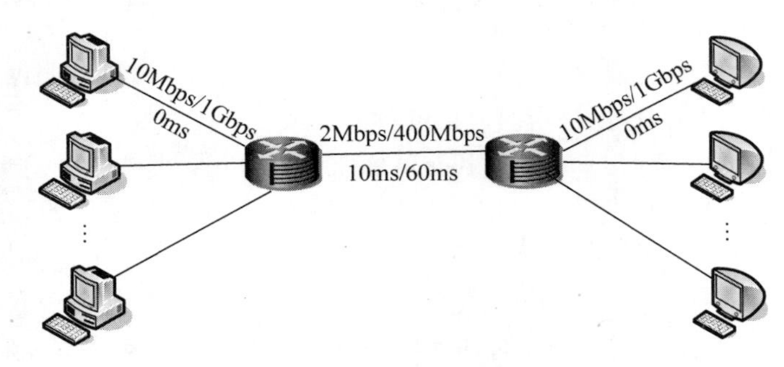

图3.4 仿真实验拓扑图

3.4.2 实验结果与分析

1. 单条流的实验结果

首先比较网络中只有一条流时Cubic和Cubic+的吞吐率、丢包率、缓存使用率以及每个包的平均排队时延，实验结果见表3.1。

表3.1 单条流的实验结果

(a) 低带宽、低时延场景

缓存大小	500KB		50KB	
协议	Cubic	Cubic+	Cubic	Cubic+
平均吞吐率/Mbps	1.9992	1.9988	1.9992	1.9988
丢包率/%	3.27	0	0.52	0
缓存使用率/%	81.68	1.74	67.14	17.38
平均排队时延/s	1.61	0.03	0.13	0.03

(b) 高带宽、长时延场景

缓存大小	1500KB		300KB	
协议	Cubic	Cubic+	Cubic	Cubic+
平均吞吐率/Mbps	368.67	348.87	203.93	285.68
丢包率/%	0.0284	0.0298	0.2187	0.0537
缓存使用率/%	0.11	0.11	1.81	0.56
平均排队时延/ms	0.13	0.13	0.42	0.13

从表3.1可见，在两种不同场景中，不同的缓存大小下，Cubic和Cubic+均实现了较高的带宽利用率，Cubic+的平均吞吐率稍低于Cubic。

表3.1(a)中显示，在低带宽、低时延场景中，当路由缓存为500KB(远大于链路的BDP)时，Cubic的丢包率高达3.27%，而Cubic+没有产生任何丢包。在缓存使用率中，Cubic几乎占用了整个缓存，达到81.86%，而Cubic+占用的缓存仅为1.74%，同时平均排队时延与

Cubic 相比，也减少了 98.14%。这是由于 Cubic 仅以丢包作为拥塞指示，在感知到丢包时才将拥塞窗口减小，此时大量分组可能已经丢失，同时缓存中充斥了大量分组，大大增加了分组的排队时延，出现了明显的过度缓存问题。而 Cubic+利用带宽利用率和时延抖动及时估计网络拥塞，虽然还未感知到丢包，但根据拥塞程度不同，或者将拥塞窗口减小，或者暂停窗口更新，保持原窗口一段时间，因此大大减少了丢包，同时保证了较低的排队时延。

当路由缓存为 50KB(接近于链路的 BDP)时，Cubic 能够更早地探测拥塞，因此仅出现少量丢包，而 Cubic+仍未出现丢包。与缓存为 500KB 时相比，Cubic 的缓存使用率有所下降，但仍然超出了可用缓存的一半，而 Cubic+的缓存使用率仅为缓存的 1/3 左右。同时，Cubic 的平均排队时延也大大减少，但仍然比 Cubic+高出 3 倍多。

表 3.1(b)显示，在高带宽、长时延场景中，由于瓶颈链路带宽较大，当网络中只有单条流存在时，没有出现明显的过度缓存现象，因此 Cubic 和 Cubic+的性能相差不大。当缓存较大时，由于 Cubic+不如 Cubic 激进，因此其吞吐率稍低于 Cubic，但仍然达到了 87%的带宽利用率。在缓存较小时，Cubic+的丢包率还不到 Cubic 的 1/4，平均排队时延也不及 Cubic 的 1/3，由于较高的丢包率导致拥塞窗口频繁减小，Cubic 的吞吐率低于 Cubic+。

图 3.5 为在高带宽、长时延网络场景中，Cubic 和 Cubic+单条流的拥塞窗口变化曲线，可以看出，当路由缓存为 300KB 时，Cubic 的拥塞窗口和吞吐率出现了剧烈抖动，这是因为 Cubic 不断以增加传输速率来探测可用带宽，因此极易产生丢包，致使拥塞窗口频繁减小；而 Cubic+的拥塞窗口最大值虽然稍低于 Cubic，但窗口抖动却没有 Cubic 明显。这是因为：①Cubic+采用带宽利用率估计来预测拥塞，虽然出现了丢包，但并不影响估计的准确性；②在探测到网络拥塞时，Cubic+就暂时停止窗口更新，保持当前窗口一段时间，直到网络拥塞有所缓解才开始正常的窗口更新。如图 3.5(b)中 60～80s 以及 180～200s 之间的窗口基本保持在平稳状态，避免了大量丢包，从而实现了比 Cubic 更高的平均吞吐率。当路由缓存为 1500KB 时，Cubic 和 Cubic+在经过一次丢包调整后很快达到了稳态。Cubic 的拥塞窗口一直增加，但受到接收窗口的限制，所以大小保持在 6MB，吞吐率也实现了满带宽利用率。Cubic+在接近满带宽时，估计到的带宽利用率和时延抖动增加，因此窗口进行了适当的调整，吞吐率也在可用带宽附近出现了轻微的抖动。

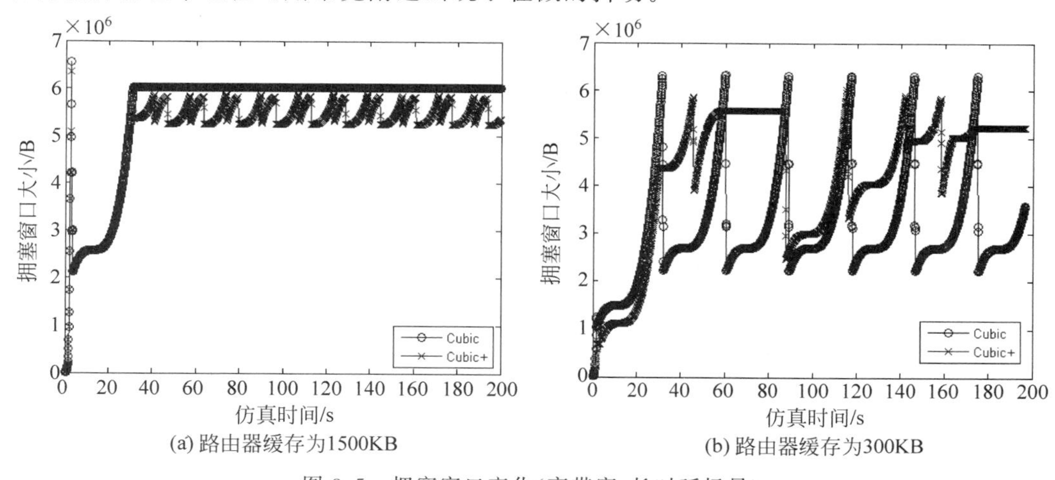

(a) 路由器缓存为1500KB　　(b) 路由器缓存为300KB

图 3.5　拥塞窗口变化(高带宽、长时延场景)

2. 两条相同流的实验结果

考虑网络中有两条相同流的情况，此时两条流的行为会相互影响。先考察两条流同时进入网络的情况，即两条流均使用 Cubic 或 Cubic＋，且具有相同的 RTT。图 3.6 对比了低带宽、低时延场景中 Cubic 和 Cubic＋的平均吞吐率和丢包率。从图中可看出，无论路由缓存为 50KB 还是 500KB，Cubic＋的平均吞吐率均稍低于 Cubic，而 Cubic＋的丢包率也以更大的比例低于 Cubic，尤其是当路由缓存为 500KB 时，Cubic＋的丢包率为 0。

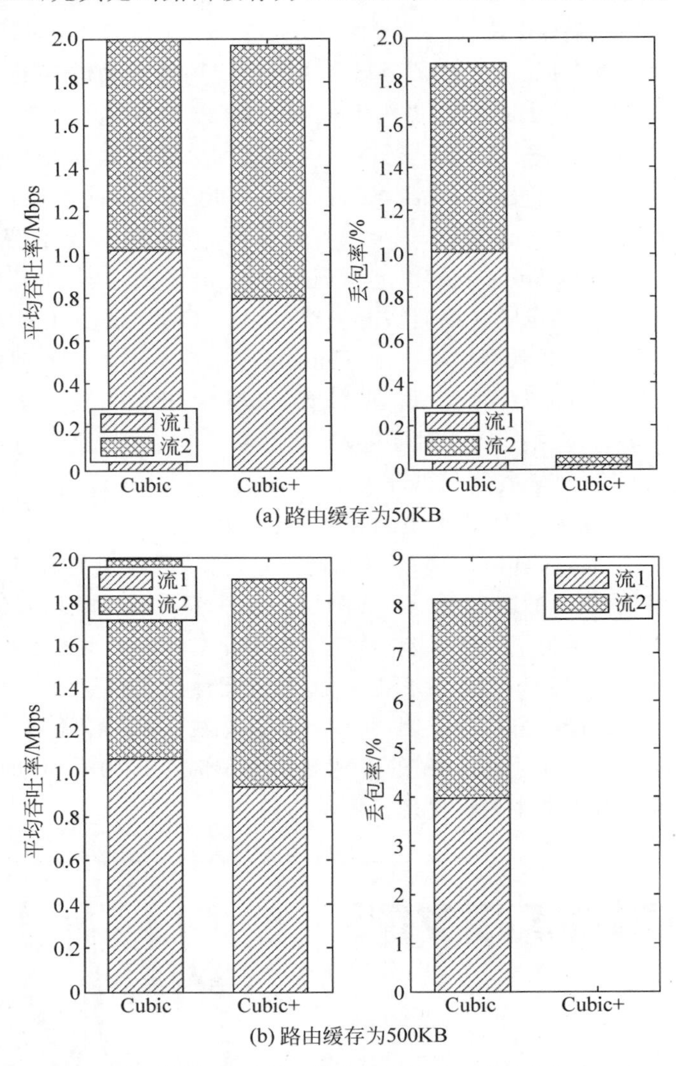

图 3.6　低带宽、低时延场景中的平均吞吐率和丢包率对比

图 3.7 对比了高带宽、长时延场景下 Cubic 和 Cubic＋的平均吞吐率和丢包率。从图中可见，Cubic＋的总吞吐率仍然稍低于 Cubic。此时，虽然丢包率比低带宽、低时延场景均有所下降，但 Cubic＋的总丢包率仍然不及 Cubic 的一半。

表 3.2(Ⅰ)和(Ⅱ)分别给出了两种场景下，同时存在于网络中的两条流的平均吞吐率、丢包率、缓存使用率以及链路中平均排队时延的具体结果。

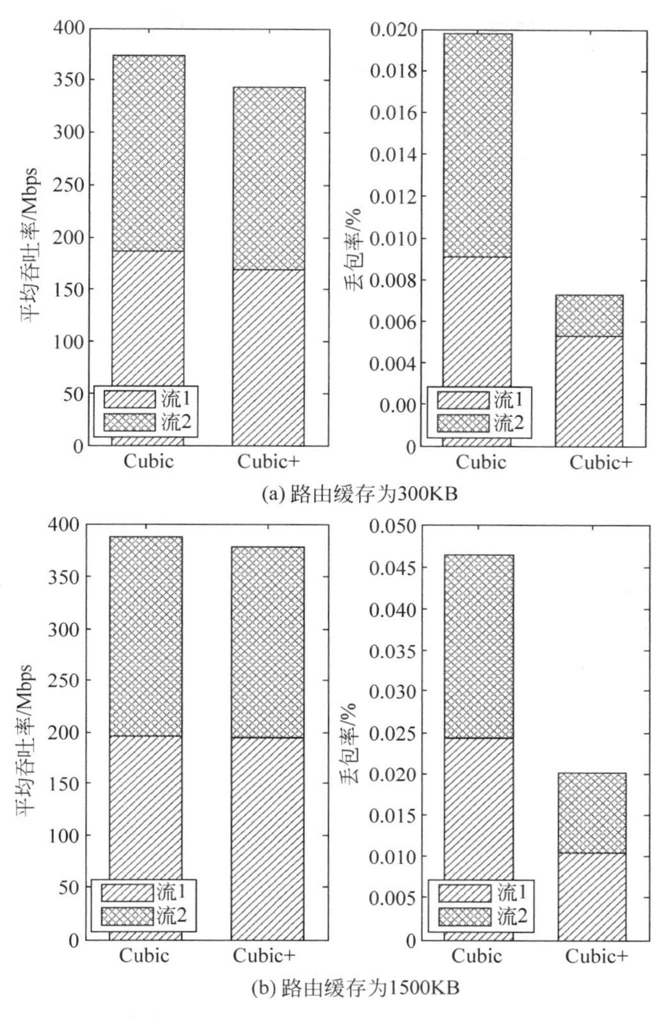

图 3.7　高带宽、长时延场景中的平均吞吐率和丢包率对比

从表 3.2(Ⅰ)中可以看出，在低带宽、低时延场景中，不论路由器缓存为 500KB 还是 50KB，总体上 Cubic+的平均吞吐率稍低于 Cubic，即 Cubic+的带宽利用率稍逊于 Cubic，那是因为 Cubic+在感知到网络拥塞时，就会停止窗口增长，甚至提前减小窗口，降低发送速率，这使得 Cubic+不如 Cubic 激进，因此当网络中存在其他流时，Cubic+的带宽争抢能力不如 Cubic。但也正因为此，Cubic+不会增加网络的拥塞程度，也不会产生更多的丢包。当路由缓存为 50KB 时，由于缓存较小，两条流在竞争过程中均产生了丢包，可是 Cubic+的丢包率与 Cubic 相比，明显较低，且缓存的使用率还不到 Cubic 的 1/3，因此平均排队时延也仅是 Cubic 的 1/3 左右。当路由器缓存增加到 500KB 时，Cubic 会比缓存较小时更晚感知到拥塞，即发现丢包时的窗口值会更大，也就意味着可能产生更多的丢包。同时，缓存的增加也导致 Cubic 排队时延增大。然而，Cubic+的丢包率和排队时延基本保持不变，并未因为缓存增加而增加。从实验结果可以看出，此时 Cubic 的丢包率有所增加，两条流的总丢包率达到了 8.12%，而 Cubic+两条流的丢包数均为 0。Cubic 两条流对缓存的平均使用率达

到了 82.08%，而 Cubic+仅为 17.41%，因此导致 Cubic 的平均排队时延为 Cubic+的 40 倍还多。

从表 3.2(Ⅱ)中可以看出，由于高速网络中的链路不像低速网络容易拥塞，因此两条流共存时，其缓存使用率的变化并不如低带宽中的明显。虽然 Cubic+的吞吐率不如 Cubic，但 Cubic+的总体性能仍然高于 Cubic。随着缓存的增大，Cubic 和 Cubic+的丢包率和排队时延均有所增加。但无论缓存为 300KB 或 1500KB，Cubic+总能实现较低的丢包率和较短的平均排队时延。当缓存为 300KB 时，Cubic+的平均排队时延仅为 Cubic 的 7.14%。当缓存增加为 1500KB 时，所有流的平均吞吐率、丢包率和平均排队时延都有所增加，但 Cubic+的平均排队时延却仅为 Cubic 的 1/20 左右。这仍然是源于 Cubic+中准确的拥塞感知特性和对窗口的延迟更新机制。

表 3.2 两条流同时进入网络的实验结果

(Ⅰ) 低带宽、低时延场景

(a) 路由器缓存为 50KB

协 议	Cubic1	Cubic2	Cubic+1	Cubic+2
平均吞吐率/Mbps	1.0191	0.9805	0.79	1.18
丢包率/%	1.01	0.87	0.02	0.04
缓存使用率/%	65.86		17.20	
平均排队时延/s	0.13		0.04	

(b) 路由器缓存为 500KB

协 议	Cubic1	Cubic2	Cubic+1	Cubic+2
平均吞吐率/Mbps	1.0631	0.9269	0.9335	0.9632
丢包率/%	3.97	4.15	0	0
缓存使用率/%	82.08		17.41	
平均排队时延/s	1.63		0.04	

(Ⅱ) 高带宽、长时延场景

(a) 路由器缓存为 300KB

协 议	Cubic1	Cubic2	Cubic+1	Cubic+2
平均吞吐率/Mbps	186.85	186.69	169.53	174.28
丢包率/%	0.0091	0.0107	0.0053	0.0020
缓存使用率/%	15.14		1.09	
平均排队时延/ms	0.98		0.07	

(b) 路由器缓存为 1500KB

协 议	Cubic1	Cubic2	Cubic+1	Cubic+2
平均吞吐率/Mbps	195.78	191.52	195.07	183.21
丢包率/%	0.0243	0.0221	0.0104	0.0097
缓存使用率/%	7.33		0.37	
平均排队时延/ms	2.36		0.12	

然后考察两条流不同时进入网络的情况，即第一条流在 0s 开始传输数据，直到仿真结束，而第二条流在第 15s 开始传输 15MB(低带宽、低时延场景)/2GB(高带宽、长时延场景)的数据。图 3.8 和图 3.9 给出了两种场景下 Cubic 和 Cubic+的丢包率对比。从图中可见，

与 Cubic 相比，Cubic＋在大多数情况下均能够降低网络中的丢包率，尤其是在低带宽、低时延场景中。具体实验结果见表 3.3，在低带宽、低时延场景中，当路由缓存为 50KB 时，Cubic＋除了保持较少的丢包以及较低的排队时延外，短流完成传输所需的时间也比 Cubic 少 6s。虽然 Cubic 有较好的带宽利用率，但是由于丢包太多，一部分带宽被用于重传，浪费了带宽资源，而且分组在路由缓存中排队时延增长，从而导致同样大小的数据需要更长的时间才能传完。在路由缓存为 500KB 的情况下，两种协议的丢包率和平均排队时延均比缓存为 50KB 时有所增加，因此短流的完成时间也相应增加，但 Cubic＋中短流的传输时间仍然比 Cubic 少 12s。

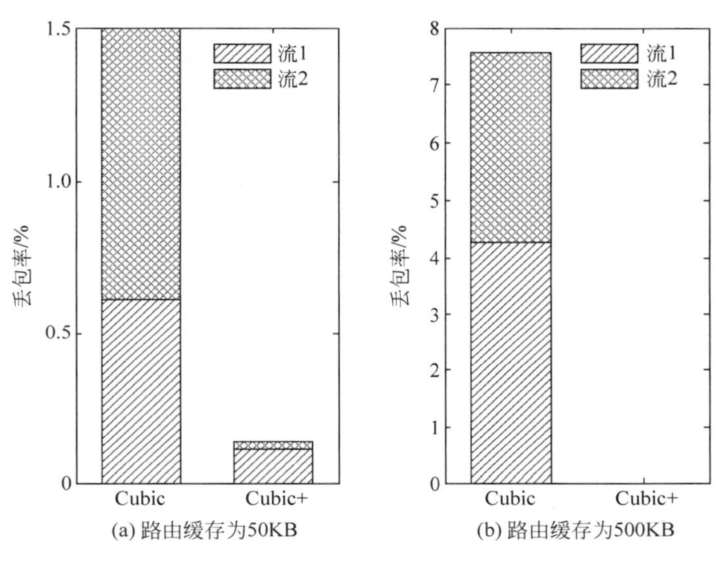

(a) 路由缓存为50KB　(b) 路由缓存为500KB

图 3.8　低带宽、低时延场景中的丢包率对比

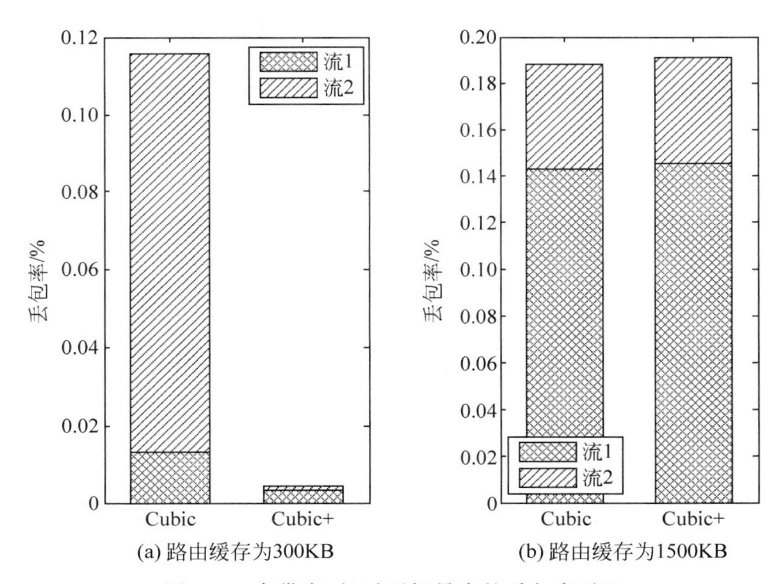

(a) 路由缓存为300KB　(b) 路由缓存为1500KB

图 3.9　高带宽、长时延场景中的丢包率对比

表 3.3 两条流先后进入网络的实验结果

（Ⅰ）低带宽、低时延场景

(a) 路由器缓存为 50KB

协　议	Cubic1	Cubic2	Cubic+1	Cubic+2
丢包率/%	0.61	0.89	0.11	0.03
平均排队时延/s	0.12		0.04	
短流完成时间/s	118		112	

(b) 路由器缓存为 500KB

协　议	Cubic1	Cubic2	Cubic+1	Cubic+2
丢包率/%	4.27	3.29	0	0
平均排队时延/s	1.59		0.23	
短流完成时间/s	171		159	

（Ⅱ）高带宽、长时延场景

(a) 路由器缓存为 300KB

协　议	Cubic1	Cubic2	Cubic+1	Cubic+2
丢包率/%	0.0131	0.1024	0.0033	0.00098
平均排队时延/ms	0.535		0.038	
短流完成时间/s	110		76	

(b) 路由器缓存为 1500KB

协　议	Cubic1	Cubic2	Cubic+1	Cubic+2
丢包率/%	0.1431	0.0452	0.1456	0.0452
平均排队时延/ms	0.81		0.21	
短流完成时间/s	86		71	

在高带宽、长时延场景中，当路由缓存为 300KB 时，Cubic+的丢包率和平均排队时延均明显少于 Cubic，因此短流的传输时间也比 Cubic 减少了 34s。当路由缓存为 1500KB 时，各条流的丢包率和排队时延均有所增加，此时 Cubic+和 Cubic 的丢包率接近，但 Cubic 的排队时延却约为 Cubic+的 4 倍，因此 Cubic+的短流传输时间仍然比 Cubic 短 15s。

3. 作为背景流的实验结果

接下来考察 Cubic 和 Cubic+分别作为背景流时，对 TCP Reno 和 TCP SACK 传输性能的影响。仿真开始时 Cubic/Cubic+先传输数据，15s 后 TCP Reno/SACK 开始传输 FTP 数据。在低带宽、低时延场景中，当缓存为 50KB 时，前景流传输 5MB，当缓存为 500KB 时，前景流传输 500KB。在高带宽、长时延场景中，前景流均传输 300MB 的 FTP 数据。考察 TCP Reno/SACK 的流完成时间及丢包率，实验结果如图 3.10 和图 3.11 所示。

图 3.10(Ⅰ)给出了在低带宽、低时延场景中的实验结果，路由缓存为 50KB 的情况下，当 Cubic 为背景流时，TCP Reno 和 TCP SACK 的传输时间均为 117s，而当 Cubic+为背景流时，TCP Reno 和 TCP SACK 的传输时间分别为 38s 和 32s，传输时间分别减少了 67.52% 和 72.65%。在路由缓存为 500KB 的情况下，虽然前景流传输的数据减少为 500KB，然而 Cubic 为背景流时，Reno 流和 SACK 流传输的时间并未大幅度减小。这主要有两个原因，一是由于 Cubic 的窗口增长激进，抢了 Reno 和 SACK 应该公平共享的带宽；二是这三个协议均为基于

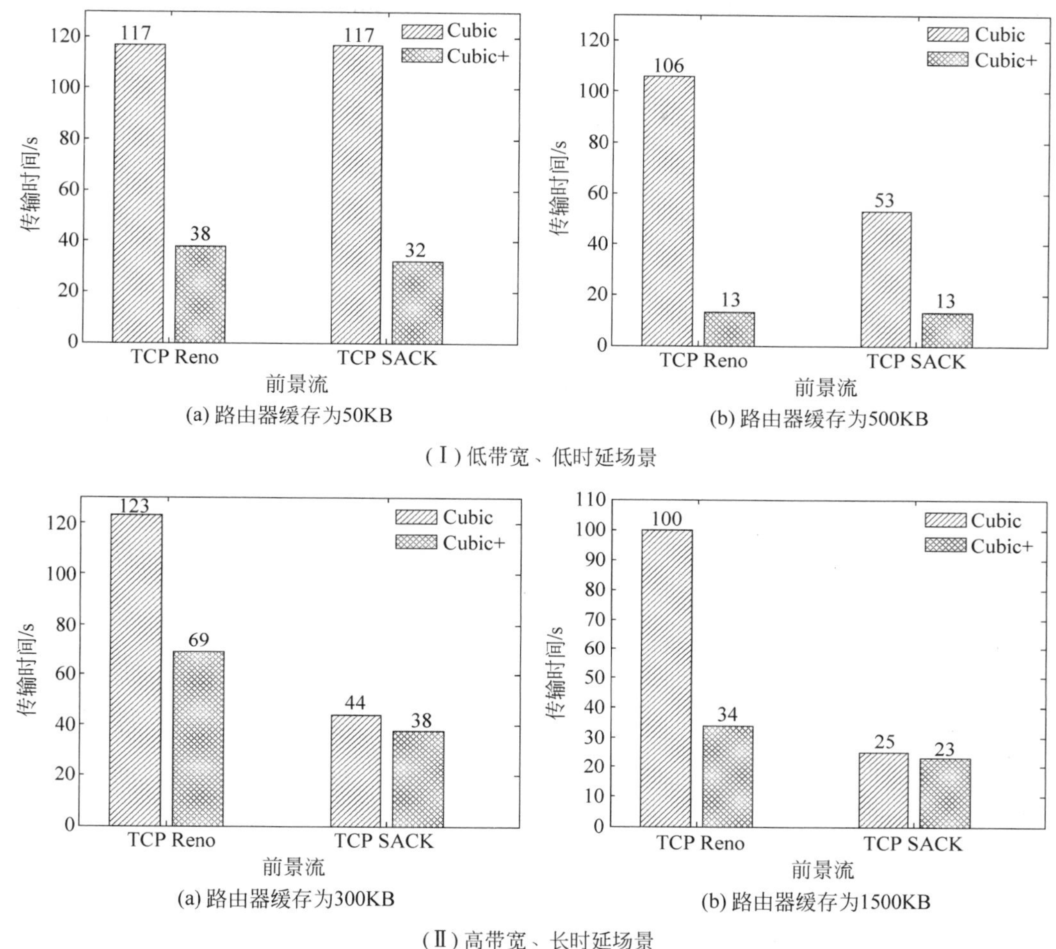

(a) 路由器缓存为50KB　(b) 路由器缓存为500KB

(Ⅰ) 低带宽、低时延场景

(a) 路由器缓存为300KB　(b) 路由器缓存为1500KB

(Ⅱ) 高带宽、长时延场景

图 3.10　不同背景流下前景流完成时间

丢包的协议,它们的协议机制会导致缓存被占据得满满的,从而增加分组的排队时延,这也是增加流完成时间的原因之一。而 Cubic+在感知到有新的数据流进入网络时,利用时延进行带宽利用率探测,并根据探测结果进行适当的窗口调整,并不会抢占大部分缓存,也不会引入太大的排队时延,从实验结果来看,在缓存为 500KB 时,Cubic 使用的缓存约为 408KB,Cubic+使用的缓存约为 91KB,仅为 Cubic 的 22.37%。而 Cubic 的平均排队时延为 1.62s,Cubic+为 0.36s,也仅为 Cubic 的 22.55%。因此当 Cubic+为背景流时,TCP Reno 和 TCP SACK 的传输时间比 Cubic 为背景流时分别减少了 87.74%和 75.47%。

图 3.10(Ⅱ)给出了在高带宽、长时延场景中的实验结果,在路由缓存为 300KB 的情况下,TCP Reno 和 TCP SACK 的传输时间分别为 123s 和 44s,而当 Cubic+为背景流时,TCP Reno 和 TCP SACK 的传输时间分别为 69s 和 38s,传输时间分别减少了 43.90%和 13.64%,这主要是因为当 Cubic 为背景流时,总的丢包率高于 Cubic+为背景流时。在路由缓存为 1500KB 的情况下,两种背景流下的总丢包率差不多,由于吞吐率增加,不论是 Cubic 还是 Cubic+作为背景流,TCP Reno 流和 TCP SACK 流的完成时间都有所减少,而

Cubic+作为背景流时，排队时延少于 Cubic 作为背景流时，因此这些流的完成时间仍然是最少的。

图 3.11 显示了低带宽、低时延场景中，不同背景流下网络中丢包的情况，从图中可以看出，以 Cubic+为背景流时，网络中总的丢包率远小于 Cubic 为背景流时的丢包率，特别是在缓存较大(500KB)时，Cubic+未产生任何丢包，而 Cubic 的丢包率高达 3.08%(前景流为 TCP SACK 时)。由此可见，Cubic 在作为背景流时，由于过于激进的窗口更新，更易加剧网络拥塞，造成更多的丢包，由此影响到网络中其他流的传输性能，而 Cubic+在估计到网络拥塞时，提前控制发送速率，因此不会加剧网络拥塞，保证丢包较少，一定程度上也就保证了网络中其他流的传输性能，有效利用了带宽资源。

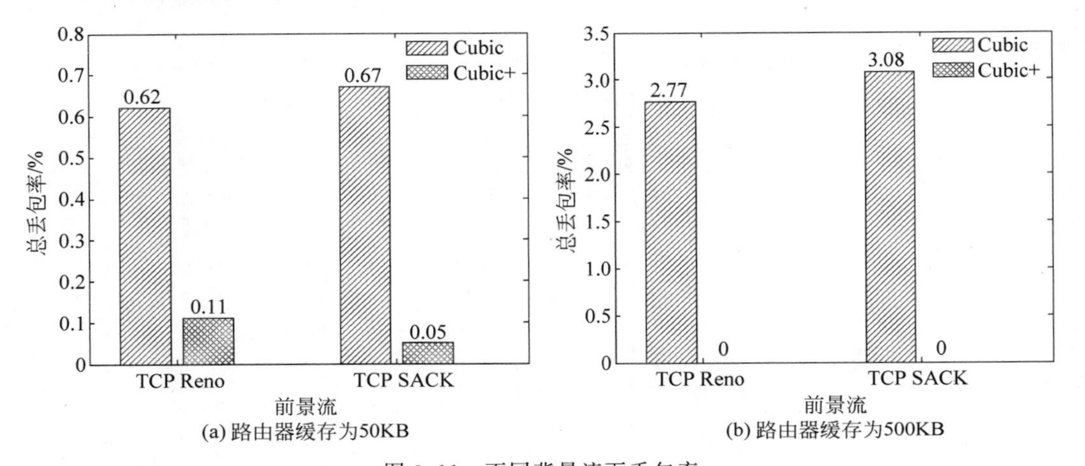

图 3.11　不同背景流下丢包率

4. 公平性

为了评价 Cubic+的公平性，考虑两个不同的场景，即多条流具有相同 RTT 和不同 RTT 的场景，然后使用 Jain 提出的公平指数(fairness index，FI)[4]量化并评价协议的公平性。

在具有相同的 RTT 情况下，两条流同时进入网络，同时停止传输，在表 3.2 中已得到两条流的平均吞吐率，则 Cubic 和 Cubic+的公平性指标见表 3.4。可见，在相同的 RTT 条件下，两种场景中的 Cubic+基本上保持了和 Cubic 一样良好的公平性，甚至在缓存为 500KB 时，Cubic+的公平性还稍高于 Cubic。

表 3.4　公平性比较

	低带宽、低时延场景		高带宽、长时延场景	
缓存/KB	50	500	300	1500
Cubic	0.9996	0.9953	0.9999	0.9999
Cubic+	0.9623	0.9997	0.9998	0.9990

对于不同 RTT 的情况，两种场景下 Cubic+仍然能够实现较好的公平性，这里主要给出低带宽、低时延场景下的结果并进行分析。实验考虑两条 TCP 流共享瓶颈链路，链路带宽仍为 2Mbps，两条流的 RTT 具有不同的比例。其中一条流的 RTT 值为 20ms，另一条流的 RTT 值为 40ms 和 60ms 之一，因此两条流的 RTT 比例分别为 2 和 3。表 3.5 给出了当

缓存分别为 50KB 和 500KB 时的结果，其中 T1 和 T2 分别表示两条流的平均吞吐率，效率指数(efficiency index，EI)是指共同存在的两条流的吞吐率之和，FI 是公平性指数。从表 3.5 可以看出，当路由缓存为 50KB 时，三个协议均实现了较好的 RTT 公平性。当路由缓存增大时，RTT 较小的流能够占据更多的缓存，导致各个流之间更加不公平，因此 Cubic 和 Cubic+的公平性指标均有所减弱。但 Cubic+能够很好地控制数据流占用的缓存量，所以仍然实现了比 Cubic 更好的公平性。

表 3.5　EI 和 FI 的仿真结果

(a) 路由器缓存为 50KB

RTT 比例	2				3			
协议	T1	T2	EI	FI	T1	T2	EI	FI
TCP Reno	0.96	1.02	1.98	0.9989	0.86	1.10	1.97	0.9854
Cubic	0.99	1.01	2.00	0.9999	0.87	1.13	2.00	0.9838
Cubic+	0.94	1.06	2.00	0.9963	0.97	1.03	2.00	0.9990

(b) 路由器缓存为 500KB

RTT 比例	2				3			
协议	T1	T2	EI	FI	T1	T2	EI	FI
TCP Reno	0.96	1.04	2.00	0.9982	0.94	1.06	2.00	0.9959
Cubic	0.71	1.29	2.00	0.9215	0.73	1.27	2.00	0.9325
Cubic+	0.99	1.01	2.00	0.9998	0.87	1.13	2.00	0.9830

5. 友好性

为了比较 Cubic 与 Cubic+的 TCP 友好性，实验采用四个发送端，其中两个运行 TCP Reno 协议，而另外两个使用其他相同的 TCP 版本(Cubic 或 Cubic+)，四条数据流具有相同的 RTT。在不同的场景中，Cubic+均实现了较好的友好性。

图 3.12 显示了在高带宽、长时延场景中的实验结果。当路由缓存分别为 300KB 和 1500KB 时四条流的平均吞吐率，其中 1 和 2 表示使用新的 TCP 版本的流，而 3 和 4 表示使用 TCP Reno 的流。从图中可看出，在缓存较大时，Cubic 和 Cubic+实现的友好性比小缓

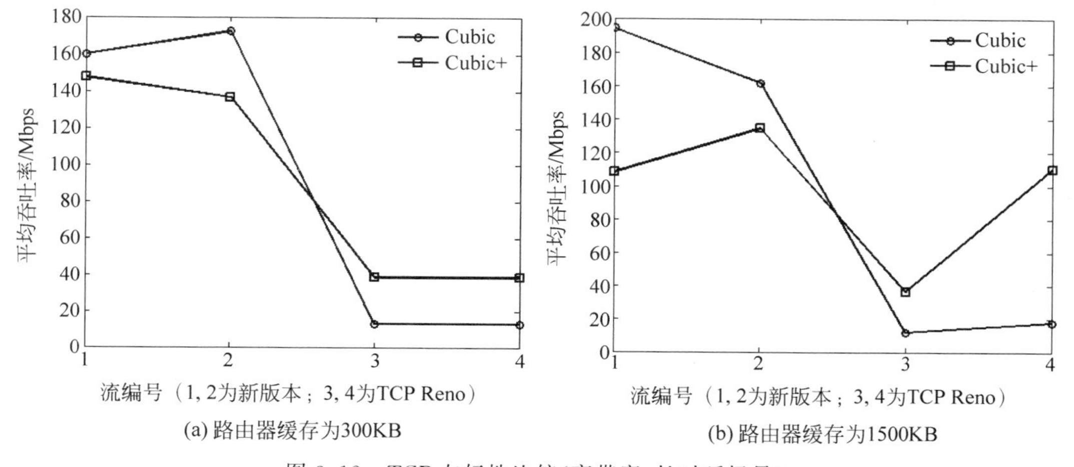

图 3.12　TCP 友好性比较(高带宽、长时延场景)

存下稍好。在两种路由缓存下，Cubic 明显地“偷”了 TCP Reno 的带宽，而 Cubic+并未抑制与之并存的 TCP Reno 流，从而比 Cubic 实现了更好的 TCP 友好性。这是因为 Cubic+并不像 Cubic 一样，持续增加拥塞窗口直到丢包，而是通过估计带宽利用率和计算时延抖动来估计拥塞，并适当减小拥塞窗口，因此并未占据所有的路由缓存，于是 TCP Reno 可以利用剩余的缓存，最终 TCP Reno 流可与 Cubic+流实现较好的带宽共享。

3.5 本章小结

针对导致网络时延增加的路由过度缓存问题，本章提出了一个 TCP 延迟更新模块并基于 Cubic 进行了实现和验证。该模块通过引入带宽利用率和时延抖动共同预测拥塞。根据拥塞程度，适当减小拥塞窗口，或延迟窗口更新，以避免加剧拥塞，减少不必要的丢包并降低排队时延。而网络不拥塞时则依照原有协议进行窗口更新。模块可与目前的 TCP 相结合，具有较强的适应性。仿真实验结果表明，总体上来看，Cubic+在低带宽、低时延场景中的性能提升较高带宽、长时延场景中的性能提升显著。而在不同的场景下，无论缓存大或小，与 Cubic 相比，使用了模块的 Cubic+在保证较高吞吐率的同时，大大减少了丢包和排队时延，有效地利用了带宽资源；作为背景流时，Cubic+能够通过适当调整拥塞窗口，减少丢包，同时不占用大量路由缓存，因此不影响其他流的传输性能，保证其他流能够在较短时间内完成传输；对于公平性，Cubic+总能在保证整个网络传输性能的同时，保持公平性以及对其他协议的友好性。由上可见，TCP 延迟更新模块可与互联网中的 TCP（特别是基于丢包的协议）结合，缓解网络（尤其是低带宽、低时延网络）中的过度缓存问题。

参考文献

[1] Yang P, Luo W, Xu L, et al. TCP congestion avoidance algorithm identification. In Proc. of 2011 31st International Conference on Distributed Computing Systems (ICDCS), Minneapolis, Minnesota, UA, 2011: 310-321.

[2] OPNET Technologies. http://www.opnet.com/solutions/network_rd/modeler.html, 2003.

[3] Jiang H, Dovrolis C. Passive estimation of TCP round-trip times. ACM SIGCOMM Computer Communication Review, 2002, 32(3): 75-88.

[4] Jain R, Chiu D M, Hawe W. A quantitative measure of fairness and discrimination for resource allocation in shared systems. DEC TR-301, Littleton, MA: Digital Equipment Corporation, 1984.

第4章

带宽受限网络的TCP动态数据压缩方案研究

传输层数据压缩可减少网络链路上实际传输的字节数,因此能够改善互联网,特别是带宽受限网络的传输效率。针对 TCP 在带宽受限网络中的性能问题,本章提出一个 TCP 动态数据压缩方案 TCPComp 来增强 TCP 性能,TCPComp 方案主要由压缩决策机制和压缩比估计算法构成。当应用数据到达传输层时,压缩决策机制决定压缩哪个数据块,而压缩比估计算法用来预测即将到来的应用数据的压缩比,并以此压缩比决定下一个需要被压缩的数据块的大小,从而使压缩效率最大化。此外,本章系统地研究了 TCP 数据压缩的评价准则。并通过实际网络中的实验显示,与标准 TCP 和其他 TCP 压缩方案相比,TCPComp 方案能够有效减少传输的 TCP 数据分段,从而实现更大的传输效率。

4.1 引言

随着用户数量和网络应用种类的迅速增长,互联网流量也呈爆炸式增加。例如,远程计算技术的大量应用数据以及长时延网络的数据量在近些年都有了巨大的增长。因此亟须为各种各样的网络应用提供高速的数据传输。然而,低带宽网络,如家用网络和普通无线网络,无法满足现有网络应用对带宽的需求。当极度消耗带宽的应用(例如视频播放)运行于一个低带宽链路时,会发生链路拥塞甚至丢包,从而导致网络性能严重恶化。

如第 2 章综述中提到的,已有不少 TCP 拥塞控制方法被提出来增强 TCP 在低带宽网络(包括无线网络和卫星网络等)中的性能,虽然这些方法能够通过优化拥塞控制算法改善带宽利用率,但在带宽有限的网络上,吞吐率方面的性能提升仍然有限。

通过数据压缩可以增加网络链路中实际传输的应用数据,因此有望改善带宽受限网络的传输效率。数据压缩可部署于网络协议栈的不同层次。本章主要考虑传输层压缩,尤其是 TCP 数据压缩。而要实现动态的 TCP 数据压缩也具有很大的挑战。首先,当传输视频或音频数据时,它们在进入网络前已经过外部程序的压缩处理,而传输层无法感知应用数据的特征,这时传输层的再次压缩可能是无效的,也不会带来任何性能增益。其次,在压缩过程中被压缩的数据块越大,实现的性能增益越高,然而,压缩后的数据大小不能超出 TCP 连接的最大分段大小(maximum segment size,MSS)。如果压缩后数据超出了 MSS 的大小,这些数据将被封装为多个 TCP 分段进行发送,而接收方必须收到所有这些 TCP 分段之后才能统一解压,这将会增加应用层的传输时延,因此,动态 TCP 数据压缩需要解决以下三个问题:

(1) 何时执行压缩;

(2) 应该如何设计压缩方案以使压缩效率最大化;

(3) 如何系统分析和评价压缩方案的性能。

本章提出了一个动态 TCP 数据压缩方案 TCPComp,当应用数据到达传输层,TCPComp 将其分割为多个数据块进行压缩,每个被压缩后的数据块封装成为一个 TCP 分段。真实网络中的实验验证了 TCPComp 能大大提升带宽受限网络中的 TCP 性能。

4.2 TCPComp 方案概述

本节简要描述 TCP 动态数据压缩方案 TCPComp 的总体设计。在全章中,压缩比是指原始数据大小与压缩后数据大小之比,压缩单元是指被压缩的应用数据块。

图 4.1 表示了 TCPComp 在 TCP/IP 协议栈中实现的位置以及 TCPComp 的整体框架。为了标识压缩属性,TCPComp 在每个 TCP 数据分段中使用 2 字节作为 TCP 压缩头部,如图 4.2 所示。压缩头部用来表明应用数据的传输形式或 TCPComp 中所使用的压缩算法(例如,0 表示不压缩,1 表示使用压缩算法 A,2 表示使用压缩算法 B 等)。则 TCPComp 压缩方案中负载部分的大小为 TCP 最大分段大小 MSS 减去压缩头部的长度,用 TCPComp_MSS_size 表示即为

$$\text{TCPComp\_MSS\_size} = \text{MSS} - \text{lengthof}(\text{Hdr}) \tag{4.1}$$

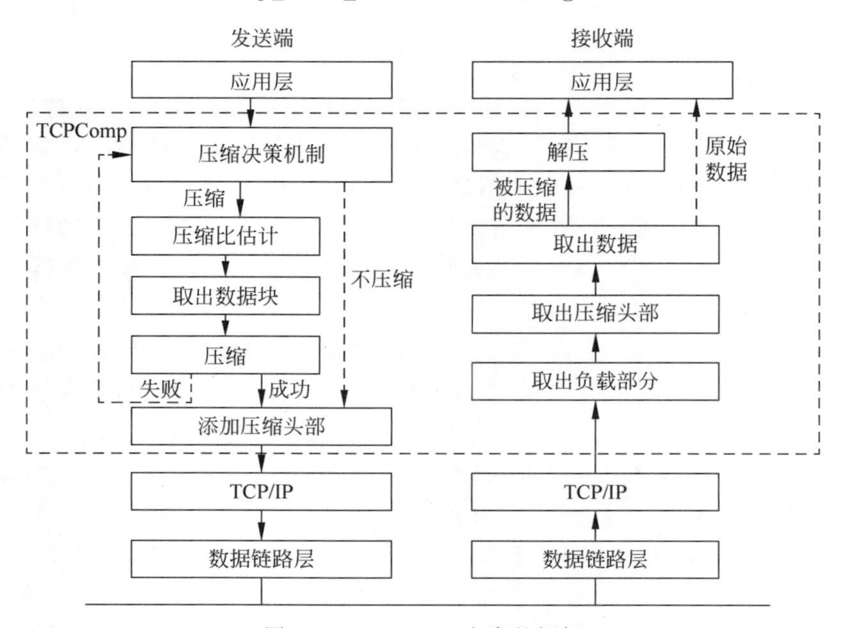

图 4.1 TCPComp 方案的框架

图 4.2　TCPComp 数据分段的结构

在发送方，当应用数据到达时，会被送入套接字层。此时，压缩决策机制被用来确定是否对当前数据执行压缩。如果不执行，数据将以原来的形式传输，否则，一部分应用数据被从缓存中抽取出来进行压缩，然后封装到一个 TCP 数据分段中。被抽取的那部分原始数据量(称为压缩单元大小)可通过很多方法来确定。最直接的方式就是每次取出 TCPComp_MSS 大小的应用数据进行压缩，这样可以避免分配额外的数据缓存。然而，根据前述已知，TCPComp_MSS 比 MSS 小，而 MSS 的大小受到网络设备提供的最小传输单元(minimum transmission unit，MTU)的限制，一般情况下 MTU 为 1500B。若压缩单元太小，则应用数据的压缩比会比较小，协议的性能提升就不明显。因此，TCPComp 方案通过估计压缩比来确定压缩单元大小，从而获得合适的应用数据进行压缩。然而，该方案需确保压缩后的数据不超过 TCPComp_MSS 的大小，以保证能够封装在一个 TCP 数据分段中，然后传递到低层网络。对于给定大小的应用数据，通过估计压缩比来确定压缩单元大小，不仅能够获得更高的压缩效率，也能减少 TCP 分段数，同时增加一个 RTT 内传输的应用数据量。若压缩后的数据大小超过了原始数据或 TCPComp_MSS 的大小，则认为这次压缩失败，数据将以原始形式发送。

在接收方，首先，从 TCP 分段中将负载抽取出来，其中头两个字节即为压缩头部。然后，根据压缩头部的信息抽取和处理所有数据，若没有执行压缩，则数据被直接传递到应用层。否则，将根据使用的压缩算法进行解压缩，然后传递给上层的应用程序。在这部分研究内容中，主要关注发送方的实现，而基本思想可以很容易地扩展到接收方的实现。

4.3　动态压缩决策机制

如前所述，TCPComp 方案主要由压缩决策机制和压缩比估计算法构成，本节将介绍 TCPComp 方案中的第一个组件，即动态压缩决策机制。由于 TCP 无法感知应用数据的特征，因此有可能对某些数据的压缩是徒劳的，例如视频和音频数据，这些数据有可能已经在应用层经过了编码，具有较少的冗余信息。在这种情况下，如何确定哪些数据块可被压缩是一个关键问题。如果应用数据不可压缩，那么为了不影响传输性能，压缩过程必须立刻停止，因此压缩决策机制被用来决定何时执行压缩。

4.3.1　不同应用数据类型压缩比研究

不同类型的应用数据具有不同的压缩比，本节通过对不同应用数据类型的压缩比进行研究，以确定什么样的数据可进行压缩。经过互联网传输的应用数据类型通常包括文本、视频和音频等。首先，选择 9 组数据，包括文本、视频和音频数据各 3 组，各组数据具有不同的内容。然后，使用一个固定的分段长度(1446B)作为压缩单元来对这些数据进行压缩，并记录下每组前 10 000 个压缩比值。最后，计算每组数据压缩比的置信区间(置信度为 0.95)，结果见表 4.1 所示。从表中可以看出，视频和音频数据的压缩比低于 1.2，而文本数据的压缩比高于 1.5。

表 4.1 压缩比的置信区间

数据类型	编号	置信区间(置信度为 0.95)
文本数据	1	[1.5686,1.5745]
	2	[1.6357,1.6414]
	3	[2.4094,2.4323]
视频数据	1	[1.214,1.2621]
	2	[1.0461,1.0636]
	3	[0.9965,1.0103]
音频数据	1	[1.0108,1.0128]
	2	[0.9866,1.0031]
	3	[1.003,1.0376]

4.3.2 压缩决策机制

如前所述，对某些数据(如视频和音频数据)的压缩可能是徒劳的，因此在数据传输过程中可能导致大量不必要的压缩开销。为了减小不必要的压缩尝试导致的额外开销，TCPComp 方案使用动态压缩决策机制来避免不必要的压缩，其核心是一个退避(Backoff)方法。由于同一条流中的数据具有一定的相似性，在一般情况下，当前压缩单元的压缩比与相邻压缩单元的压缩比接近。首先连续对 n 个大小为 TCPComp_MSS 的压缩单元数据进行压缩，若它们的压缩比均低于某个阈值，记为 CR_thresh，则有可能即将到来的应用数据也难以压缩。此时，Backoff 过程开始，即接下来的 m 个分段会被直接发送而不进行压缩。若第$m+1$ 个分段的压缩比仍然低于 CR_thresh，则有可能即将到来的应用数据中会有更多分段难以压缩。因此，将 Backoff 因子 m 乘以 2，并继续 Backoff 过程。只要有一个分段的压缩比不低于 CR_thresh，则会重启 TCPComp 正常的处理过程。

CR_thresh 的取值对于 TCPComp 方案的压缩增益很关键，若取值过高，则数据以压缩形式传输的机会就被降低，反之，若取值过低，则由于不必要的压缩尝试导致压缩增益减小，因此需要选择一个合理的取值来获取最大的压缩增益，同时保证最少的失败次数。根据表 4.1 的结果，在 TCPComp 方案中设定 CR_thresh 的取值为 1.2。

在决策机制中，一旦执行压缩后的数据大于原始数据或 TCPComp_MSS 的大小，就认为压缩失败。此时，数据以原来的形式发送。只要压缩后的数据小于原始数据大小，数据就会以压缩后的形式传输。

4.4 基于卡尔曼滤波的压缩比估计算法

本节将介绍 TCPComp 方案中的另一个组件，即压缩比估计算法。数据压缩比与压缩单元大小紧密相关。一般情况下，压缩单元越大，产生的压缩比会更高，因此应该选取最优的压缩单元大小来实现更大的压缩效率。本节利用卡尔曼滤波算法对压缩比进行预测，以选取最优的压缩单元大小。

4.4.1 卡尔曼滤波算法简介

本节介绍卡尔曼滤波算法的基本原理。1960年卡尔曼发表了一篇著名的论文,论文描述了用递归方法解决离散数据线性滤波问题[1],这就是卡尔曼滤波算法。从那以后,由于数字计算的飞速发展,卡尔曼滤波算法被广泛研究和应用,尤其是在信号处理与系统控制领域。目前,卡尔曼滤波算法越来越广泛地应用于计算机应用的各个领域。

滤波就是一个信号处理与变换的过程,即去除或减弱不想要的成分,增强所需成分。这个过程既可以通过硬件实现,也可以通过软件实现。卡尔曼滤波属于一种软件滤波方法,其基本思想是:以最小均方误差为最佳估计准则,采用信号与噪声的状态空间模型,根据前一时刻的估计值和当前时刻的观测值来更新对状态变量的估计,求出当前时刻的估计值。算法根据建立的系统方程和观测方程对需要处理的信号做出满足最小均方误差的估计。卡尔曼滤波可以对过去、现在甚至是将来的状态进行估计,即使不知道模型系统的确切性质时仍然能够对这三种状态进行估计。

此处使用的是最初的卡尔曼滤波算法,即基本卡尔曼滤波算法,因此主要介绍这种方法的基本原理。基本卡尔曼滤波使用反馈控制的方式来估计状态,即它会估计某个时刻的过程状态,然后再以测量(噪声)的形式获取反馈。因此,基本卡尔曼滤波的公式包含两组:时间更新方程和测量更新方程。其中时间更新方程负责建立对当前状态的先验估计,及时向前推算当前状态变量和误差协方差估计的值,以便为下一个时间状态构造先验估计值;测量更新方程负责反馈,即利用测量更新方程在预估过程的先验估计值及当前新的测量变量的基础上建立起对当前状态的修正的后验估计。时间更新方程和测量更新方程可分别看作预估和校正过程。它们的具体公式如下:

时间更新方程:

$$\begin{cases}\hat{\boldsymbol{x}}_k^- = \boldsymbol{A}_{k-1}\hat{\boldsymbol{x}}_{k-1} + \boldsymbol{B}u_{k-1} \\ P_k^- = \boldsymbol{A}_{k-1}P_{k-1}\boldsymbol{A}_{k-1}^{\mathrm{T}} + \boldsymbol{Q}_{k-1}\end{cases} \tag{4.2}$$

测量更新方程:

$$\begin{cases}K_k = P_k^-\boldsymbol{H}_k^{\mathrm{T}}(\boldsymbol{H}_kP_k^-\boldsymbol{H}_k^{\mathrm{T}} + \boldsymbol{R}_k)^{-1} \\ \hat{\boldsymbol{x}}_k = \hat{\boldsymbol{x}}_k^- + K_k(z_k - \boldsymbol{H}_k\hat{\boldsymbol{x}}_k^-) \\ P_k = (I - K_k\boldsymbol{H}_k)P_k^-\end{cases} \tag{4.3}$$

式中,$\hat{\boldsymbol{x}}_k^-$ 是根据第k步之前结果得到的第$k+1$步的先验估计;P_k^- 是第$k+1$步的先验估计误差协方差;$\hat{\boldsymbol{x}}_k$ 是第k步的后验状态估计;P_k 是第k步的后验估计误差协方差;K_k 是第k步的卡尔曼滤波增益或混合因子;$\boldsymbol{A}_{k-1}$,$\boldsymbol{B}$ 和 $\boldsymbol{H}_k$ 为状态矩阵;z_k 是第k步的观测变量;u_{k-1} 是第$k-1$步的控制输入;$\boldsymbol{Q}_{k-1}$ 和 $\boldsymbol{R}_k$ 分别是过程和观测噪声协方差矩阵。

4.4.2 压缩比估计算法

为了能够获取最优的压缩单元,本节使用4.4.1节中介绍的卡尔曼滤波方法根据前端应用数据的压缩比估计后续即将到来的应用数据的压缩比,然后根据式(4.4)确定下一个压缩单元的大小。

$$\text{orig\_size}_i = \text{expected\_size} * \text{est\_CR}_i, \quad i = 1, 2, 3, \cdots \tag{4.4}$$

式中，est_CR_i 是对即将到来的应用数据压缩比的估计值，expected_size 是期望的压缩后的数据大小，根据 4.2 节，它应该不超过 TCPComp_MSS 的大小。expected_size 的取值将在 4.5.3 节讨论。在本节中，假设 expected_size 的值已确定，从而来研究压缩比估计的问题。

大部分情况下，同一条 TCP 流中的数据具有一定相似性，那么当前压缩单元的压缩比可能接近于最近一个压缩单元的压缩比。为了避免由于过高估计压缩比所带来的压缩失败开销，TCPComp 方案希望使用一个相对保守的压缩比估计方法。于是，本节将卡尔曼滤波中的式(4.2)和式(4.3)中的参数 $\boldsymbol{A}_k$，$\boldsymbol{B}$ 和 $\boldsymbol{H}_k$ 均设为单位阵，u_{k-1}，Q_{k-1} 和 R_k 设为常数。由此得到基于卡尔曼滤波的压缩比估计式(见式(4.5)和式(4.6))。

(1) 时间更新方程：

$$\begin{aligned} \text{est\_CR}_k^- &= \text{est\_CR}_k + u_{k-1} \\ P_k^- &= P_{k-1} + Q_{k-1} \end{aligned} \tag{4.5}$$

(2) 测量更新方程：

$$\begin{aligned} K_k &= P_k^- / (P_k^- + R_k) \\ \text{est\_CR}_k &= \text{est\_CR}_k^- + K_k(\text{CR}_{k-1} - \text{est\_CR}_k^-) \\ P_k &= (1 - K_k)P_k^- \quad k = 1, 2, 3, \cdots \end{aligned} \tag{4.6}$$

式中，est_CR_k^- 是第 k 步的先验压缩比估计；est_CR_k 是第 k 步的压缩比估计；CR_k 是第 k 步得到的真实的压缩比；其他参数的定义与式(4.2)和式(4.3)中的定义相同。

一旦压缩单元中的数据以压缩形式传输，TCPComp 方案就会记录下其真实的压缩比值，然后根据式(4.5)和式(4.6)估计下一个压缩比。新的估计值将用来根据式(4.4)计算下一个压缩单元的大小并获取相应的数据。若压缩失败，则认为数据的相关性发生了改变，因此压缩比估计过程将重启，即重新记录新的压缩比并估计后续压缩比。

4.5 性能评价

本节在真实网络中对 TCPComp 方案的性能进行评价，主要包括以下三方面的内容：

(1) 采用三个性能指标来评价 TCP 压缩方案。

(2) 基于(1)中的指标讨论 expected_size 的最优取值。

(3) 在真实网络中，比较 TCPComp 和现有的内核级压缩方案[2]以及标准 TCP 传输相同数据所需的时间。

4.5.1 性能指标的定义

执行压缩所产生的开销会因为硬件和软件不同而有所不同，目前网络协议普遍使用的性能指标(如吞吐率、时延等)无法体现压缩带来的增益和开销，因此有必要针对 TCP 数据压缩方案采用一组新的性能指标，利用这些指标可以从压缩效率的角度及早了解方案中的数据传输性能，同时也为研究具有更高传输性能的新方法提供可能。本研究中采用三个性能指标来系统地表征 TCP 压缩方案的传输性能，它们是分段数、压缩效率和压缩失败次数，分别定义如下：

定义 1：若压缩后的数据大小不超过 TCPComp_MSS 的大小，则 TCPComp 方案会封装压缩后的数据并添加 TCP 头部，从而形成一个 TCP 数据段。对于给定大小的应用数据，这些分段总数就称为**分段数**（**segment count**）。传输同样大小的应用数据时，使用的分段数越多，TCP 和 IP 头部的开销就越大。

定义 2：对于给定大小的应用数据，当采用 TCPComp 方案时，原始的应用数据总量与实际传输的 TCP 负载（不包括压缩头部）之比称为**压缩效率**（**compression efficiency**）。在使用 TCPComp 方案时，所有 TCP 负载之和不会超出原始的用户数据，即压缩效率不应该小于 1.0。压缩效率越高，说明通过链路传输的数据越少。

定义 3：TCPComp 方案根据压缩单元的大小获取相应的应用数据进行压缩。若压缩后的数据大于 TCPComp_MSS 的大小或者原始数据大小，则认为这次压缩过程失败。因此，第三个指标是**压缩失败次数**（**failure count**），对于给定大小的应用数据，失败次数越多，压缩处理所需的额外开销就越大。

4.5.2　实验系统平台

为了在真实网络中评价 TCPComp 方案的性能，首先将其在 Linux 系统（内核版本为 3.1.4）中实现。图 4.3 为实验系统平台，三个客户端分别部署标准 TCP、内核级压缩方案以及 TCPComp 方案，所有客户端的配置为 Intel Pentium E5300 2.60GHz processors 和 2GB DDR2。三个服务器端配置为 Intel Xeon E7-8870 2.40GHZ processors 和 1GB DDR3 的 PC。其中客户端位于四川成都的四川大学，而服务器端位于云南昆明的云南师范大学。客户端发送数据，服务器端接收数据并执行相应的解压处理。客户端的互联网接入带宽为 6Mbps，发送方和接收方之间的 RTT 约为 100ms。

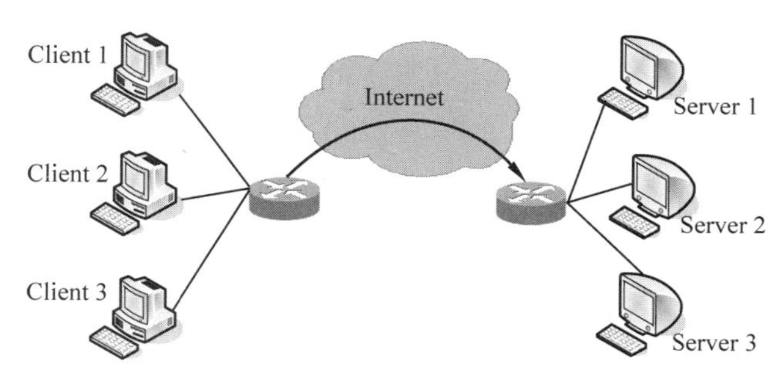

图 4.3　TCPComp 实验系统平台

无损压缩方案可以用于任何数据类型，且通过解压能够完全恢复原始内容。Zip 算法是一种高效的无损压缩算法，实验中将其作为方案的基本压缩方法，其他压缩算法可以通过类似的方式使用。

4.5.3　关于 expected_size 参数取值的讨论

为了使方案的性能最优，本节基于 4.5.1 节提出的指标来讨论式(4.4)中用到的参数 expected_size 的取值。由表 4.1 的结果可知，文本数据的压缩比通常较高，那么这些数据对 expected_size 的取值可能会比较敏感。因此，本节的实验通过四个文本文件来讨论

expected_size 的取值，其中前三个文件来自于坎特伯雷语料库(Canterbury corpus)[3]，第四个文件是以 HTML 格式保存的雅虎网主页。这些文件的基本信息见表 4.2。在实验中，MSS 的值为 1448B，TCPComp_MSS 大小为 1446B。expected_size 的取值为 100～1600B，步长为 50B。图 4.4 显示了 expected_size 的取值对 TCPComp 性能的影响。

表 4.2 示例文件的基本信息

文件名	文件大小/B	说　明
bible. txt	4,047,392	詹姆斯国王钦定版《圣经》
E. coli	4,638,690	E. coli 细菌完整基因组
pi. doc	1,031,680	圆周率前 100 万位数
Yahoo. htm	305,279	雅虎网主页

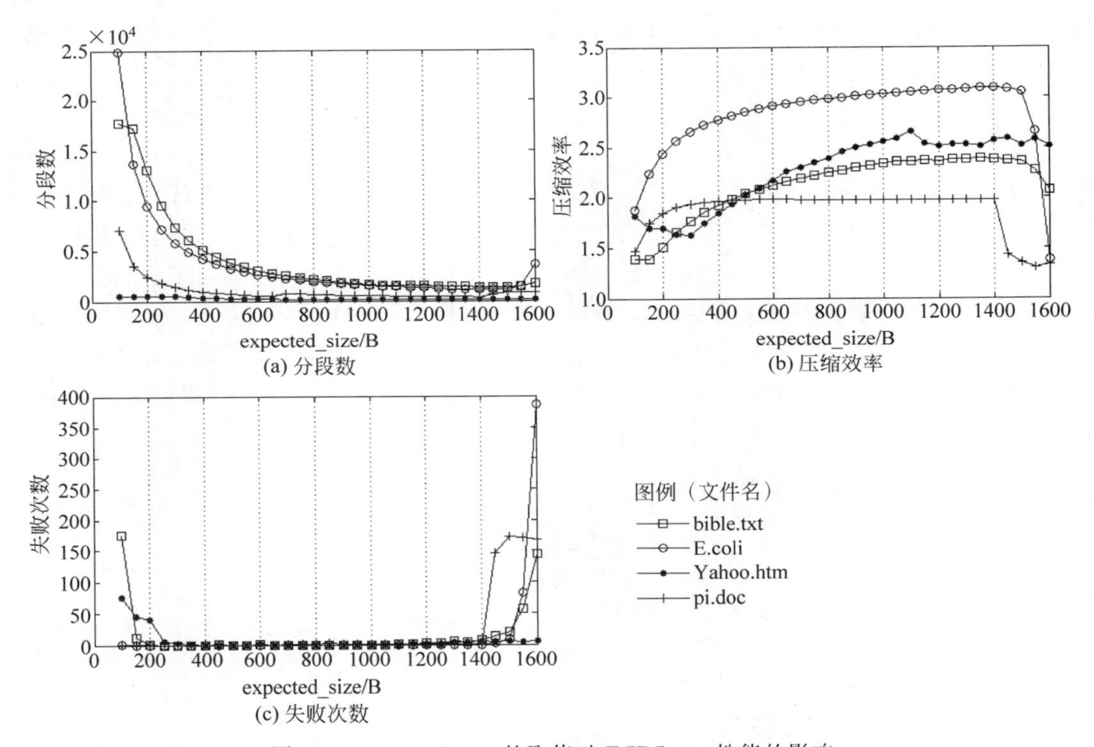

图 4.4 expected_size 的取值对 TCPComp 性能的影响

从图 4.4 中可以看出，所有文件的分段数和失败次数均随 expected_size 的增大而减少，直到 expected_size 取值为 1400B，而压缩效率随 expected_size 的增大而增加。这是因为压缩单元的大小会随着 expected_size 的增大而增大，从而可以实现更高的压缩比，就 4.5.1 节定义的三个新指标而言，也就可以实现更好的性能。然而，当 expected_size 的取值大于 1400B 时，情况发生了变化。由于压缩比估计的过程中不可避免会存在一定误差，如果 expected_size 的取值过大，很可能导致压缩后的数据大于 TCPComp_MSS，最终造成这次压缩失败。当 expected_size 的取值接近 TCPComp_MSS 时，分组数和失败次数增加，同时压缩效率降低。因此，在这里选择 1400B 为 expected_size 的最优值。

在不同的网络中，MSS 的值有可能不同，TCPcomp_MSS 亦然。因此 expected_size 的最优值可根据式(4.7)计算得到。在图 4.4 中，TCPComp_MSS 为 1446B，而 1400B 是 expected_size 的最优值，因此将式(4.7)中 a 的经验值设为 1400/1446=0.95。

$$\text{expected\_size} = a \times \text{TCPComp\_MSS}, \quad 0 < a < 1 \tag{4.7}$$

4.5.4　压缩比估计算法的实验评价

正如 4.4 节提到的，TCPComp 使用卡尔曼滤波方法来进行压缩比估计。为了评价压缩比估计算法的性能，实验中所有压缩比估计值和对应的真实压缩比被记录下来并进行对比，结果见图 4.5。结果显示，压缩比估计值的变化趋势总体上与真实的压缩比值一致，而且它们的值基本上很接近。由于压缩比估计算法的精确性，TCPComp 可以获得足够多的应用数据并成功进行压缩。由此可见，基于卡尔曼滤波的压缩比估计算法有助于增加 TCPComp 方案中的压缩效率，减少压缩失败次数。

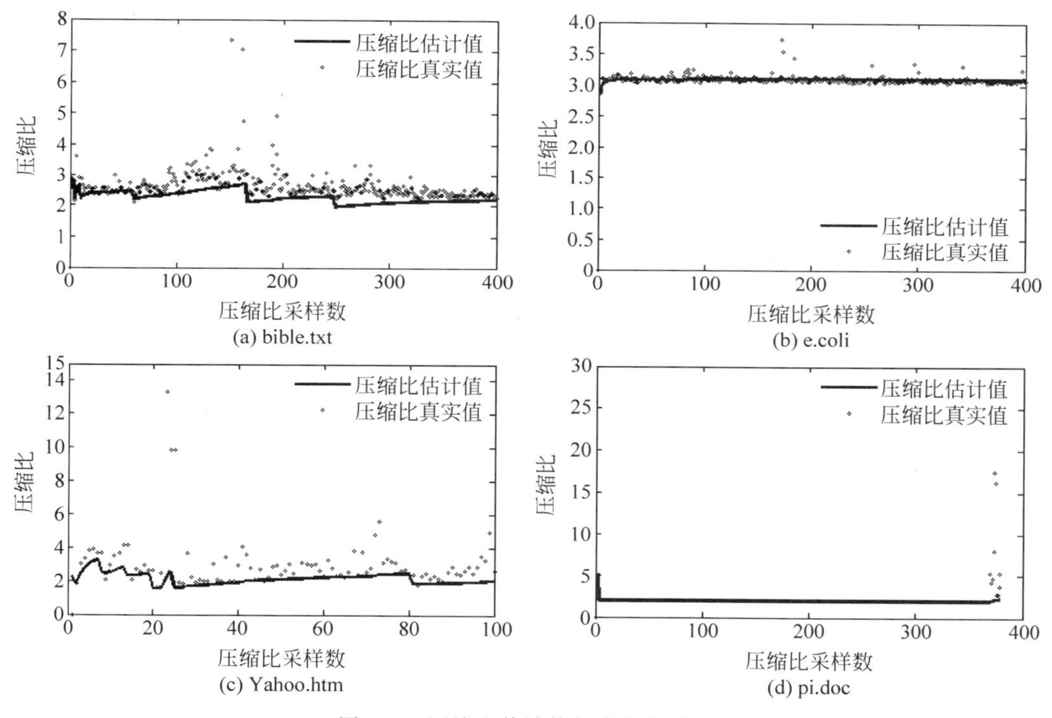

图 4.5　压缩比估计值与真实值对比

4.5.5　TCPComp 方案与其他方案的性能对比

本节的实验基于图 4.3 所示的实验平台，实验采用三种不同的数据(文本、多媒体和混合数据)来评价 TCPComp 的传输性能。其中文本数据来自一些英文版的世界经典小说，多媒体数据是 RMVB 格式的电影《泰坦尼克号》，混合数据来自访问新浪体育网页时抓取的数据包，包括文本、视频、音频和图片。实验中，这些数据被分割成不同大小进行测试，即用户数据大小为 500～5000KB，步长为 500KB。客户端分别部署了标准 TCP、内核级压缩方案和 TCPComp 方案，并在同一时刻发送相同的数据到服务器端。表 4.3 给出了 TCPComp

方案在性能评价实验中的参数设置。

本研究从分段数、压缩效率和传输时间三方面比较这三个方案的性能。图 4.6～图 4.8 显示了 TCPComp 传输文本数据时的性能。从图 4.6 可看出，TCPComp 方案的分段数比标准 TCP 平均减少约 43.58%，比内核级压缩方案减少约 43.74%，因此大大减少 TCP 和 IP 头部开销。此外，内核级压缩方案的分段数比标准 TCP 稍微多一点，这是因为内核级压缩方案采用了 4 字节的压缩头部，而压缩单元和压缩头部的总大小并未超过 MSS，因此每个 TCP 分段所携带的应用数据减少。额外的压缩头部使得 TCP 分段的数目增加。在图 4.7 中，最大压缩比表示在应用层使用 Zip 算法对整个实验数据进行压缩时得到的压缩比。由图可见，由于使用了基于卡尔曼滤波的压缩比估计算法，TCPComp 方案中的压缩效率是标准 TCP 的 2 倍，同时高于内核级压缩方案。对于相同的应用数据，压缩效率越高就表示在链路上传输的数据越少。在同样的网络环境下，这有助于缓解网络拥塞，降低丢包的可能，同时减少分组重传次数。因此传输性能可得到显著提升。正如图 4.8 所示，在 TCPComp 中文本数据的传输时间明显少于内核级压缩方案和标准 TCP，其中，TCPComp 的传输时间仅为标准 TCP 的一半左右。

表 4.3　TCPComp 方案的参数设置

组　　件	参　　数	参 数 取 值
压缩决策机制	CR_thresh	1.2
	n	5
	m	5
压缩比估计	P_0	10
	u_k	10^{-3}
	Q_k	10^{-6}
	R_k	10^{-1}
	expected_size	1400B

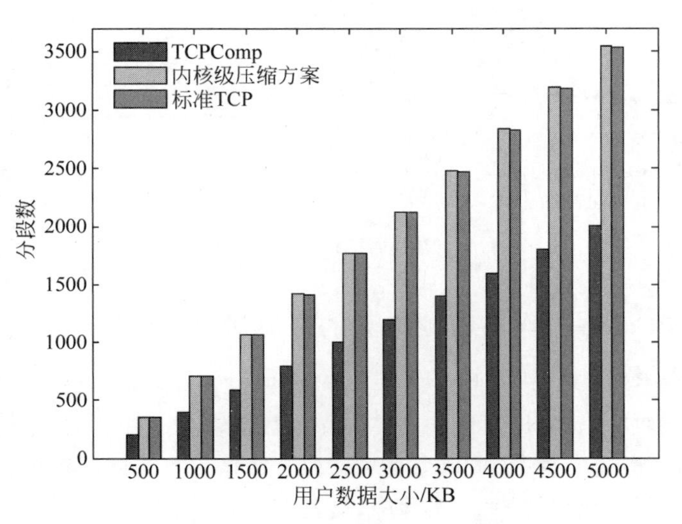

图 4.6　传输文本数据时的分段数

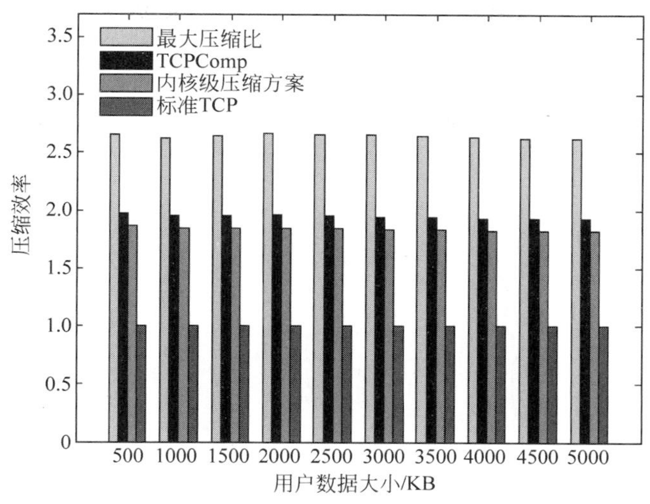

图 4.7 传输文本数据时的压缩效率

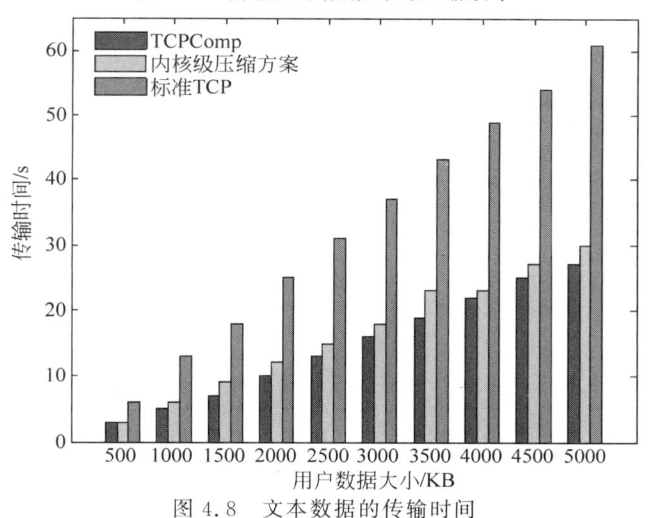

图 4.8 文本数据的传输时间

图 4.9 和图 4.10 显示了传输混合数据时的实验结果。混合数据中既包括文本，又包括多媒体数据。虽然数据构成更加复杂，但 TCPComp 的总体性能仍然优于其余二者。从图 4.10 混合数据的传输时间可以看出混合数据的最大压缩比明显小于文本数据。这是因为混合数据中有一些不可压缩的数据，例如视频及图片。不同类型和内容混合在一块的应用数据会引起大量估计误差，因此在混合数据的传输中，压缩比估计算法实现的效率不如在文本数据中。尽管如此，TCPComp 的压缩效率仍然高于其他两种方法，这是因为 TCPComp 能够利用 4.3 节中提出的动态压缩决策机制从混合数据中区分出可压缩的数据进行压缩。从图 4.10 中可以看出，TCPComp 传输混合数据所需的时间仍然比内核级压缩以及标准 TCP 的少。此外，TCPComp 产生的分段数与其他两种方法差不多，即它并没有增加额外的分段数。

对于多媒体数据，一般很难压缩，TCPComp 与其他两种方法的传输时间对比如图 4.11 所示。由于采用了 4.3.2 节提出的 Backoff 方法，减少了额外的处理开销，所以在多媒体数据传输中，TCPComp 方案仍然表现出了较好的性能。从图 4.12 可看出，Backoff 方法减少了 TCPComp 方案中的压缩失败次数，从而减少了对多媒体数据的压缩开销。

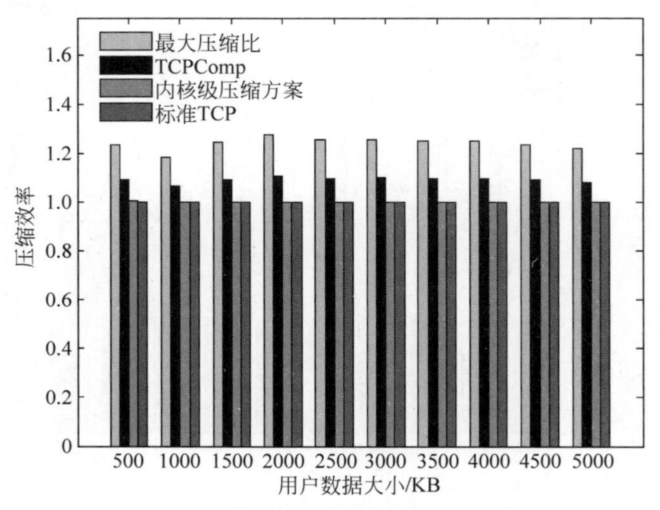

图 4.9　传输混合数据时的压缩效率

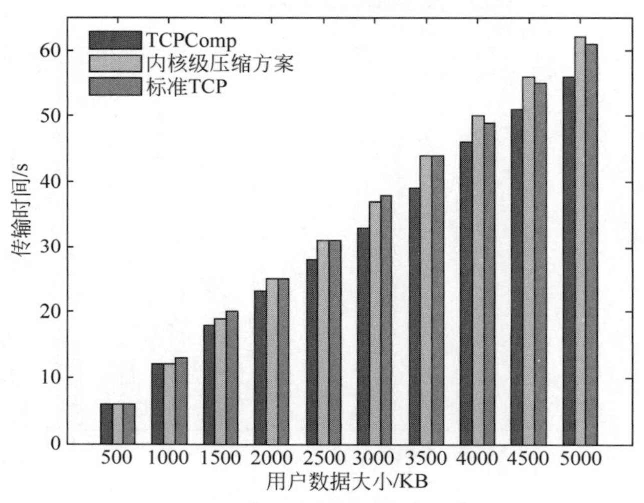

图 4.10　混合数据的传输时间

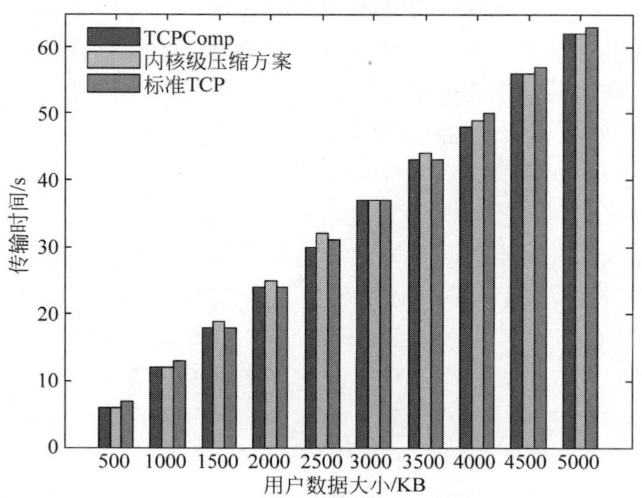

图 4.11　多媒体数据的传输时间

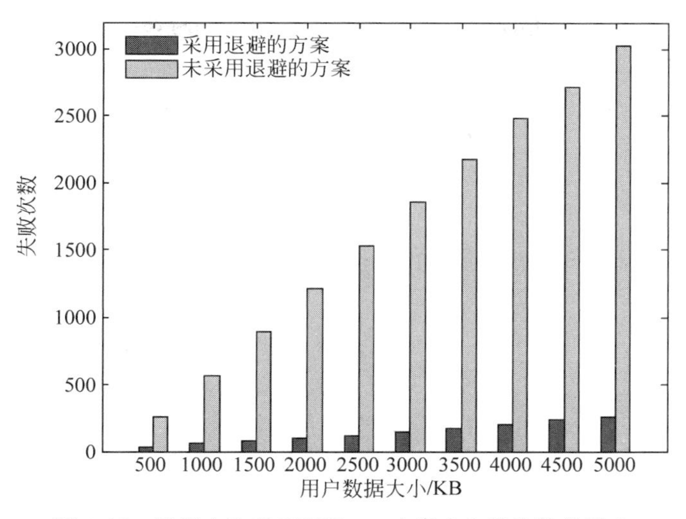

图 4.12　退避方法对 TCPComp 方案中失败次数的影响

4.6　本章小结

本章提出了一个 TCP 动态数据压缩方案(TCPComp)以增强带宽受限网络中的 TCP 性能。这个方案根据压缩决策机制来决定哪个压缩单元可以被压缩,然后利用压缩比估计算法确定压缩单元的大小。

通过在真实网络环境中的实验可以看出,尽管传输时间的减少量与数据和内容的统计特性相关,但总体上 TCPComp 的性能优于内核级压缩方案以及标准 TCP。在传输文本数据时,压缩比估计算法为 TCPComp 带来了巨大的性能增益。在传输多媒体和混合数据时,由于使用了高效的压缩决策机制,使得 TCPComp 性能并不比其他两种方法差。

由于压缩和解压过程需要进行密集的计算以及存储访问,因此会给数据传输带来一些时延。然而,压缩决策机制中的 Backoff 方法可以减少这样的额外处理开销,因此 TCPComp 可以用于广域网中的数据传输。此外,由于 TCPComp 减少了网络链路上传输的字节数,从而可以减少传感器节点的能量消耗,因此也适用于无线传感器网络中。

在本章的方案中,采用了具有高压缩率的 Zip 算法,在未来的研究中,可以集成更多的压缩算法,并基于 TCPComp 方案的框架对其进行扩展。

参考文献

[1] Kalman R E. A new approach to linear filtering and prediction problems. Journal of Basic Engineering, 1960,82(1): 35-45.

[2] Lee M Y, Jin H W, Kim I, et al. Improving TCP goodput over wireless networks using kernel-level data compression. In Proc. of the 18th International Conference on Computer Communications and Networks(ICCCN 2009). San Francisco, CA USA, 2009.

[3] The Canterbury Corpus file for testing new compression algorithms. http://corpus. canterbury. ac. nz/index. html.

第5章

数据中心网络的拥塞控制协议

随着云计算技术在大数据、人工智能等领域的应用和发展，作为云计算核心支撑平台的数据中心网络(data center network，DCN)近年来也得到了深入的发展。数据中心将网络资源、计算资源、存储资源以及其他辅助资源(如 FPGA、ASIC 等)整合为一个统一的整体，已经成为云计算、人工智能、移动计算等计算密集型业务的基础设施，其运行效率直接决定了这些业务的服务质量。而在现有的数据中心网络中，大部分应用仍使用 TCP 进行数据传输[1-2]。数据中心网络高带宽、低时延等特性与传统广域网的特性差异较大，传统 TCP 在数据中心网络中的运行效率较低，会引发 TCP Incast、TCP Outcast 等一系列问题。

本章主要针对数据中心网络中的 TCP Incast(也称为 TCP 吞吐量崩溃)问题进行研究，该问题是指当多个发送方同时向一个接收方发送数据时，与接收方相连的交换机缓冲区发生拥塞，从而导致网络吞吐量崩溃。TCP Incast 问题的产生将使网络吞吐率急剧下降，并可能导致任务错过截止完成时间而被丢弃，影响计算结果的质量和用户体验。因此，如何缓解该问题以便为分布式存储、Web 搜索等云计算任务提供高效率的数据传输服务是具有实际应用价值的重要课题[3]。

本章从两个方向着手研究 TCP Incast 问题的解决方案，一是针对 TCP 机制在 DCN 中不适应的问题，改进 TCP 的拥塞控制机制，及时探测网络拥塞，快速缓解拥塞，尽量减少丢包，改善传输性能的同时降低数据流完成时间；二是基于近年来出现的 SDN 思想，利用 SDN/OpenFlow 技术收集网络信息，包括网络流量信息和交换机队列信息等，并通过这些信息更加精确、更加快速地进行拥塞判断和拥塞控制。

5.1 引言

随着云计算、大数据、物联网、人工智能等新一代信息技术快速发展，数据呈现爆炸式增长，使得互联网企业对数据中心基础设施的需求不断增长。据最新研究报告显示，2019 年中国数据中心数量约有 7.4 万个，约占全球数据中心总量的 23%，数据中心机架规模达到 227 万架，在用 IDC 数据中心有 2213 个。数据中心大型化、规模化趋势仍在延续[4]。数据中心是云计算系统的主干，由数千个相互连接的提供云服务的计算机节点组成。这些服务器与交换机通过高速网络互相连接形成数据中心网络。数据中心网络通过视频流和云计算等集中基础设施向订阅用户提供多样化的网络服务和大量大规模计算[5]。

为了保证提供可靠的传输服务，数据中心的大部分应用仍使用 TCP 作为传输协议。而 DCN 有一些不同于其他网络（如互联网或局域网）的特点：首先，与传统 Internet 网络相比，数据中心网络具有高带宽、低时延的网络特性。DCN 是为数据密集通信设计的，用于提供大规模计算服务，如网络存储、电子邮件和网络搜索。这些服务和应用程序需要网络具有高带宽和低时延的特点，以实现 DCN 分布式组件之间数据的高速传输。近年来，随着数据中心的发展和互联网技术的提高，数据中心网络的带宽已经从 1Gbps 提升到 10Gbps 甚至 100Gbps。其次，DCN 有数千台紧密相连的服务器，链路的超额订阅率通常为 1∶1，不可避免会出现链路拥塞的情况。图 5.1 显示了一个典型的数据中心结构框图，其中服务器被放置在机架上，它们通过架顶式（ToR）交换机连接起来，再连接到汇聚交换机。汇聚交换机可与其他汇聚交换机互连，所有这些汇聚交换机最后连接到核心交换机，通过核心交换机连接到互联网。

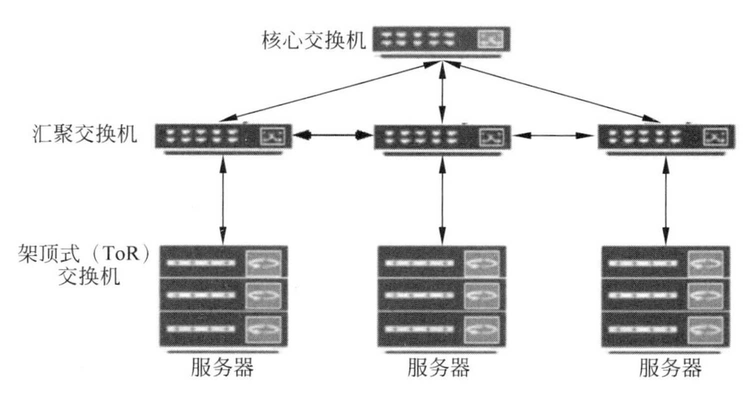

图 5.1 数据中心结构框架

DCN 不仅支持通信，还提供网络中所有服务器之间的容错。DCN 在任意两台服务器之间部署多条路径[6]。DCN 中发送方和接收方之间的 RTT 是微秒级的，而不是传统互联网中的毫秒级[7]。数据中心网络中常见的数据流量类型有两种，一种是背景数据流，称为大象流（也称为长数据流），大象流主要是传输大型文件的数据流，对于时延不太敏感；另一种是老鼠流（也称为短数据流），主要是网络中突发的网络请求/响应数据，老鼠流对时延十分敏感，其响应时间影响着在线服务的用户体验。因此，在 DCN 中既要减少老鼠流的时延又要保证大象流的高吞吐率[8]。

正如前面提到的，数据中心的网络特性和流量特性与传统广域网差异较大，传统 TCP 在数据中心网络中运行会引发诸如 TCP Incast 等问题。

TCP incast 问题是由多对一流量模式和在线查询的高时延造成的。图 5.2 显示了一个典型的 TCP Incast 场景。DCN 中的客户端以多对一通信模式向一个或多个服务器请求数据。这些数据从服务器传输到客户端，需要经过交换机到客户机的瓶颈链路。在集群文件系统内（如网络搜索或批处理环境中），客户端应用请求某个逻辑数据块（通常情况下一个数据块大小是 1MB），该数据块以条带化方式分别存储在几个存储服务器上，即采用更小的数据片存储(32KB、256KB等),这种小数据片称为服务器请求单元(SRU)。只有当客户端接收到所有的服务器返回的其所请求数据块的SRU后才继续发送出下一个数据块请求,即客户端同时向多个存储服务器发起并发TCP请求,且所有服务器同时向客户端发送SRU。随着并发发送者数量的增加,这种多对一的服务器向客户端并发传输数据的模式,很容易造成与客户端相连接的交换机端口的缓冲区溢出,从而导致丢包及随后的TCP重传。在丢包严重的情况下,TCP将启动超时重传,此时传输需要经历一个最少持续200ms的超时,这是由TCP最小重传超时参数(RTOmin)确定的。在并发传输过程中,当某个服务器发生了传输超时而其他服务器已完成了传输,则客户端在接收到剩余的SRU之前必须等待至少RTOmin,而等待期间客户端的链路很有可能处于完全空闲状态,这就导致在应用层的可见吞吐量与链路容量相比较显著下降且总的请求时延将高于RTOmin[9]。

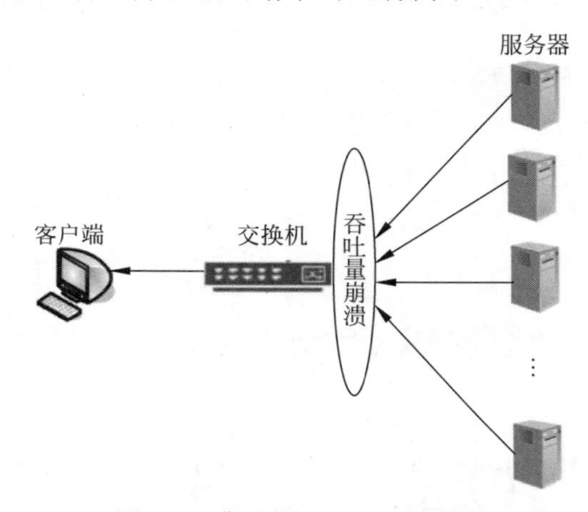

图5.2 典型的TCP Incast场景

如前所述,数据中心中多对一的传输模式常常会导致TCP Incast问题,这会降低短数据流的完成时间和长数据流的吞吐量。针对TCP Incast问题,研究者已经提出了很多解决方案,包括调节参数的方法、基于ECN的方法、基于时延的方法和主动拥塞控制方法。

目前比较有效的解决方法是基于ECN的方法以及主动拥塞探测方法中基于SDN的方法。本章针对这两类方法进行研究,并提出了基于ECN的快速DCTCP和基于SDN的自适应拥塞控制方法。

5.2 快速DCTCP协议——FDCTCP

本节基于DCTCP,提出一种快速DCTCP,称为FDCTCP。其目标是得到准确的拥塞反馈并进行快速的速率控制,以实现数据中心网络的高利用率和低排队时延。FDCTCP与DCTCP一样,使用ECN来推断网络拥塞并计算拥塞因子。然而,当发送方收到带有ECN标记的ACK时,与DCTCP不同的是,FDCTCP通过监测观察到的ECN标记的比例和拥塞梯度来检测网络拥塞。FDCTCP根据拥塞级别降低拥塞窗口。如果网络严重拥塞,FDCTCP将拥塞窗口重置为一个较小的值。如果根据ECN标记判断网络中已经没有拥塞，则 FDCTCP 会直接将拥塞窗口恢复到拥塞发生前的值，而不是像 DCTCP 那样逐渐恢复窗口。

5.2.1　FDCTCP 的主要思想

FDCTCP 由三部分组成：网络拥塞检测方法、快速拥塞缓解机制和快速恢复机制。图 5.3 给出了 FDCTCP 框架。在网络拥塞检测方法中，发送方一旦接收到带有 ECN 标记的 ACK，就开始根据拥塞因子和拥塞梯度周期性地预测网络拥塞程度和趋势。当检测到网络正在变得越来越拥挤时，快速拥塞缓解机制会根据拥塞程度的不同而适当减小拥塞窗口。若随后接收到的 ACK 没有 ECN 标记，则快速恢复机制将把拥塞窗口恢复到拥塞发生前的值。

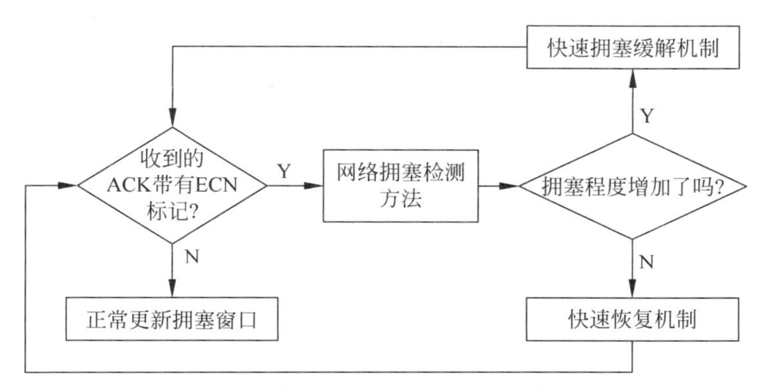

图 5.3　FDCTCP 框架

5.2.2　FDCTCP 的详细实现

图 5.4 是 FDCTCP 的流程图，具体实现描述如下。

1. *网络拥塞检测方法*

为了对网络拥塞进行快速可靠的检测，网络拥塞检测方法同时利用拥塞因子和拥塞梯度定期估计网络拥塞。启用了 ECN 的路由器实时监测队列长度，若瞬时队列长度超过预先定义的阈值，则后面到来的分组中的 ECN 位将被标记为 1。拥塞因子是发送方收到的带有 ECN 标记的 ACK 分组占总的 ACK 分组的比例。拥塞因子在一定程度上可以用来推断网络拥塞情况。但这还不够，为了提高网络拥塞检测的可靠性，还需要了解拥塞的变化趋势。因此，采用拥塞梯度来估计网络拥塞的变化趋势。网络拥塞检测方法每隔一段时间（记为 period）估计一次网络拥塞状态，并计算自上次估计以来的拥塞因子（记为 current_F）和拥塞梯度（记为 diff）。拥塞因子和拥塞梯度计算公式如下：

$$\text{current\_F} = \text{ECE\_num}/\text{total\_packet} \tag{5.1}$$

$$\text{diff} = \text{current\_F} - \text{prev\_F} \tag{5.2}$$

式中，ECE_num 是在检测周期内观察到的 ECN 标记数，total_packet 是周期内接收到的数据包数。由于估计周期相同，拥塞梯度（diff）即为相邻周期的拥塞因子（即 current_F 和 prev_F）之差。

若计算出来的拥塞因子较大，则表明发送方观察到的 ECN 标记的比例增加，也就是说

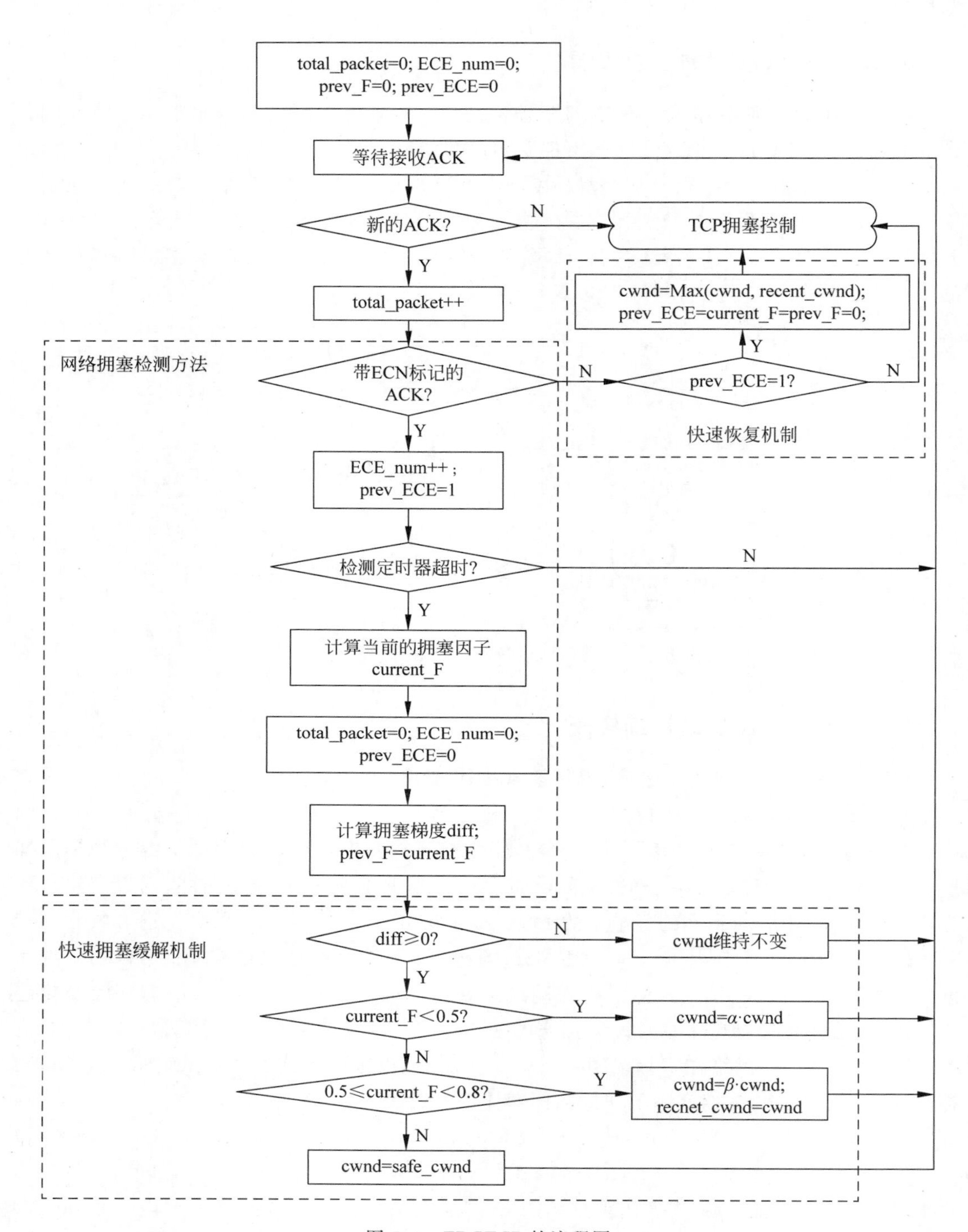

图 5.4 FDCTCP 的流程图

存在潜在的网络拥塞。因此,拥塞因子可以用来估计拥塞程度。若拥塞梯度 diff＞0,则表明拥塞因子增大,网络拥塞变得越来越严重;若 diff＜0,则表明拥塞因子减小,网络拥塞得到缓解。因此,可以利用拥塞梯度变化来检测网络拥塞的变化趋势。

2. 快速拥塞缓解机制

FDCTCP 利用拥塞因子和拥塞梯度按以下规则估计拥塞程度:

(1) 若 diff≥0 并且 current_F＜0.5,则可能是轻微拥塞;

(2) 若 diff≥0 并且 0.5≤current_F＜0.8,则可能是持续拥塞;

(3) 若 diff≥0 并且 current_F≥0.8,则可能是严重拥塞;

(4) 若 diff＜0,则可能是拥塞正在缓解。

当探测到网络拥塞时,为了尽快缓解网络拥塞,FDCTCP 使用快速拥塞缓解机制,根据拥塞程度减少当前的拥塞窗口。若认为网络是轻微拥塞,则拥塞窗口适当减小为原来的 α 倍;若认为网络是持续拥塞,则将拥塞窗口减小为原来的 β 倍,并将此拥塞窗口值记为 recent_cwnd;若认为网络严重拥塞,即使没有丢包,拥塞窗口也会被减小到一个预定的安全值(记为 safe_cwnd);若网络拥塞正在缓解,则拥塞窗口保持不变。

3. 快速恢复机制

FDCTCP 利用快速拥塞缓解机制,实现对 Incast 拥塞的快速激进反馈,从而有效缓解拥塞。一旦 Incast 结束,发送方将不会收到带有 ECN 标记的 ACK。此时拥塞窗口应迅速恢复,以实现高吞吐量。若发送方在一段时间内没有再收到任何带有 ECN 标记的 ACK,则快速恢复机制会将该窗口恢复到之前保存的窗口值(即 recent_cwnd)。

5.2.3 仿真实验结果

本节使用 OPNET Modeler 对当前数据中心里常见的叶脊拓扑网络进行仿真。叶脊拓扑网络由上层的脊交换机和下层的叶交换机组成,其中,脊交换机充当汇聚交换机的角色,叶交换机充当接入交换机的角色。在叶脊拓扑网络结构中,所有的叶交换机都和每一台脊交换机连接,因此,任何一台服务器和另一台服务器间的数据传输只需要经过一台叶交换机和一台脊交换机。本节的实验使用 4 台叶交换机,每台叶交换机连接 10 台服务器,如图 5.5 所示。所有链路带宽为 10Gbps,在没有负载的情况下链路时延为 20μs。

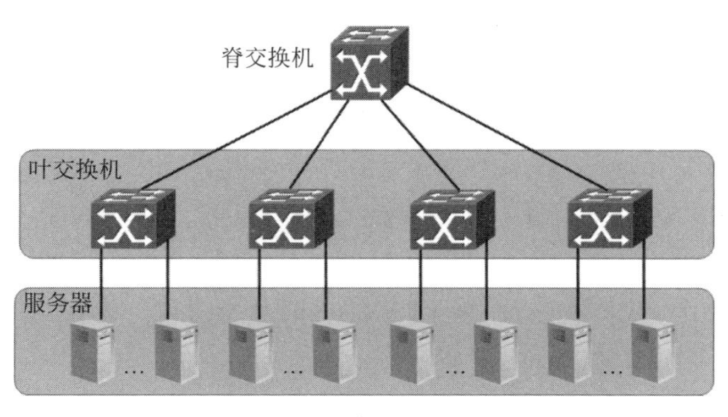

图 5.5 叶脊拓扑网络图

实验使用文献[10]中给出的流量模型,模型中混合了短数据流和长数据流。假设数据流的到达服从泊松分布,其中短数据流大小在 8～32KB 随机选择,长数据流大小设置为1MB。长数据流的数量占所有数据流数量的 30%。仿真从 0s 开始,在所有数据流传输完成时停止。在 0～2s 期间,所有的数据流每 10ms 被请求一次。

本节通过实验比较 FDCTCP 和 DCTCP 在不同服务器数量和不同缓存大小下的数据流完成时间、吞吐率和队列长度。DCTCP 的实现使用了协议推荐的参数设置(如 ECN 的阈值)。FDCTCP 基于 DCTCP 在终端主机中实现拥塞控制。其余参数设置如下: safe_cwnd=4MSS, $ECN_{threshold}=20$, $\alpha=0.8$, $\beta=0.5$, period=40μs。

1. 数据流完成时间

下面比较 DCTCP 和 FDCTCP 的流完成时间。图 5.6 和图 5.7 分别表示长数据流和短数据流全部结束时的完成时间。DCTCP-120KB 表示缓冲区大小为 120KB 时 DCTCP 的数据流完成时间,可以看出,无论是短数据流还是长数据流,DCTCP 的数据流完成时间都会随着服务器数量和缓冲区大小的增加而增加。然而,在不同的服务器数量和缓冲区大小下,FDCTCP 保持较稳定的数据流完成时间,且明显小于 DCTCP 的数据流完成时间,其中长数据流的完成时间仅为 DCTCP 的 60%左右,短数据流的完成时间约为 DCTCP 的 78%。这是由于: 首先,FDCTCP 采用可靠的网络拥塞检测方法,准确检测网络拥塞程度和变化趋势; 其次,FDCTCP 采用快速拥塞缓解机制来降低发送速率,以避免出现 Incast 和大量分组丢失。

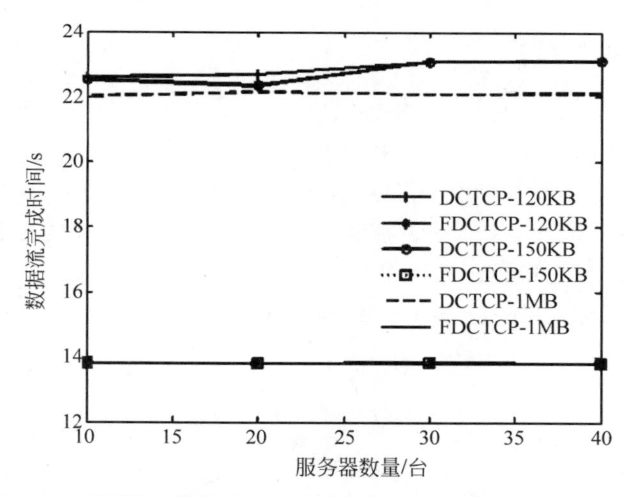

图 5.6　不同服务器数量和不同缓存大小下长数据流的完成时间

图 5.8 显示了一条长数据流中拥塞窗口的变化情况,从图中可见,当检测到 Incast 发生,FDCTCP 及时对网络拥塞进行反馈并将拥塞窗口减小到安全窗口(safe_window),而 DCTCP 不断收到带有 ECN 标记的 ACK,然后逐渐减小窗口。由于 FDCTCP 中长数据流的发送方及时进行窗口回退,所以使得队列长度减小,从而有助于减少短数据流的完成时间。

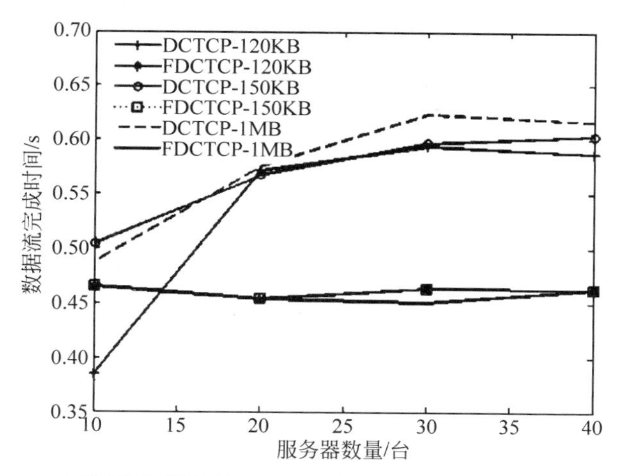

图 5.7 不同服务器数量和不同缓存大小下短数据流的完成时间

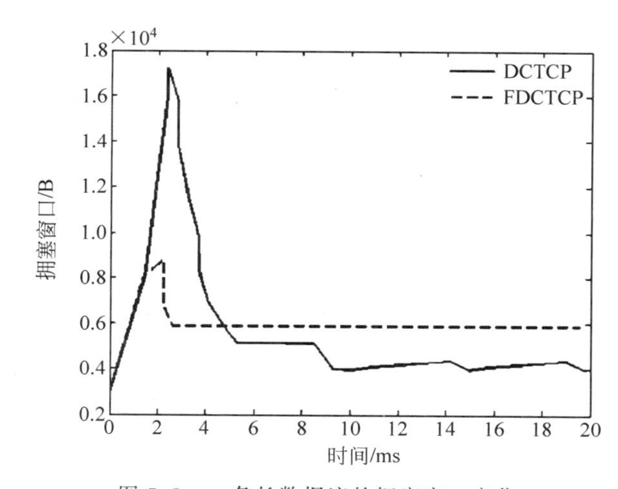

图 5.8 一条长数据流的拥塞窗口变化

2. 吞吐率

下面将比较 FDCTCP 和 DCTCP 的吞吐率。从图 5.9 可以看出，FDCTCP 和 DCTCP 的吞吐率随着缓冲区大小的增加而增加，而服务器的数量对它们的吞吐率的影响很小。即使 ECN 阈值被设置为一个较小的数值(如 20)，FDCTCP 在不同服务器数量下都比 DCTCP 实现更高的吞吐率，具体来说，FDCTCP 实现了比 DCTCP 高 67%的平均吞吐率。出现这样的结果的主要原因包括：首先，与 DCTCP 相比，FDCTCP 使用快速拥塞缓解机制减少了那些共享拥塞链路的背景数据流的丢包数量；第二，当 Incast 结束时，FDCTCP 采用快速恢复机制，使用 Incast 发生之前的最后一个拥塞窗口作为新的拥塞窗口，而不是采用逐渐增加窗口的方式(如慢启动)。这些机制有助于发送方快速地恢复到拥塞前的速率，从而获得良好的吞吐率性能。

3. 队列长度

下面将分析 FDCTCP 的队列长度。图 5.10 显示了一个脊交换机输出端口上的平均队列长度。可以看出，DCTCP 和 FDCTCP 的队列长度随着服务器数量的增加而增加，大部分情况下 FDCTCP 的队列长度比 DCTCP 的队列长度要短(除了服务器数量为 40 以及缓冲区较小时)。当数据开始传输时,随着服务器数量的增加,会有更多的数据包进入网络。因此,FDCTCP 和 DCTCP 的队列会在启动时快速建立。在传输过程中,DCTCP 会由于较小的缓冲区而导致数据包丢失,从而减少了队列长度,而 FDCTCP 可以保持稳定的拥塞窗口和队列长度。因此,在服务器数量为 40 以及缓冲区较小的情况下,FDCTCP 的平均队列长度略大于 DCTCP。当缓冲区大小增加到 1MB 时,DCTCP 不会很快检测到丢包,而其使用的窗口更新策略较迟缓,所以无法有效控制队列长度。FDCTCP 由于具有快速的拥塞缓解机制,可以保持较小且稳定的队列长度。从图 5.10 可以看出,FDCTCP 相比 DCTCP 减少的队列长度高达 69%,因此可以大大缩短短数据流的完成时间。

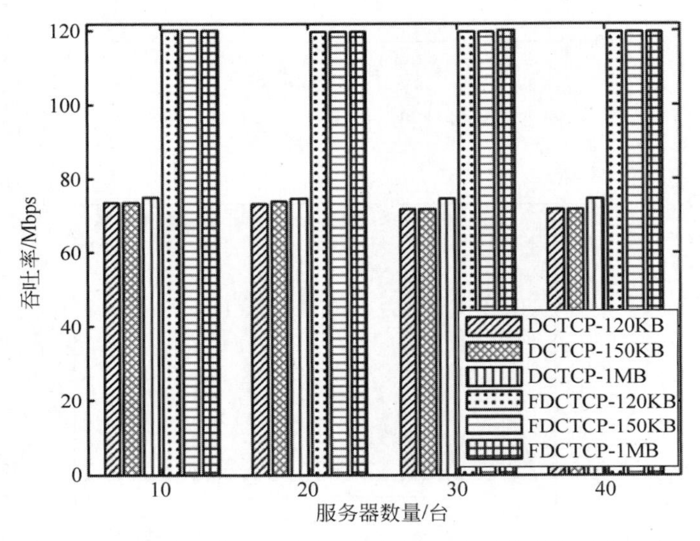

图 5.9　不同服务器数量和不同缓存大小下长数据流的吞吐率

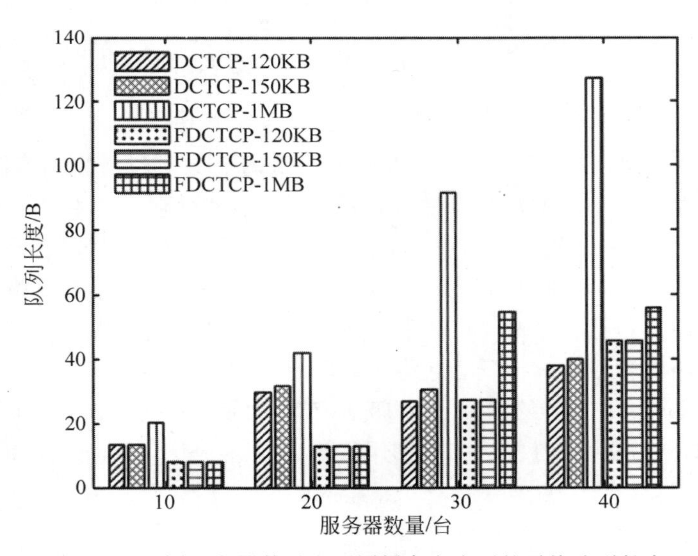

图 5.10　不同服务器数量和不同缓存大小下的平均队列长度

5.3 一种基于SDN网络的自适应可靠数据传输方法

传统互联网中使用TCP实现数据的可靠传输。但TCP仅通过端到端的网络参数估计网络状态，无法直接感知报文在中间路径上传送的状态，因此不能及时、准确跟踪网络状态的变化并动态调整传输参数，在数据中心网络中极易导致严重的网络拥塞，造成丢包率高、网络带宽利用率低等问题。当前研究的主要方法是通过对网络参数的估计了解网络拥塞程度，并通告发送端，以此调整发送速率，缓解或解决网络拥塞。这些方法虽然能够在一定程度上缓解拥塞，但是传输性能的提升仍然有限，因此研究者考虑引入新的研究思路和技术手段来解决数据中心网络拥塞问题。

软件定义网络(SDN)[11]是一种新型的基于软件的网络架构及技术，SDN将交换机控制平面(control plane)与数据平面(data plane)分离，利用控制器通过南向接口向数据平面上的流表下载规则(rule)，从而指导数据包转发。由于TCAM①查找速度快且支持通配符查询，因此当前大量商用硬件SDN交换机都采用TCAM存放流表[12]。目前应用最广泛的南向接口是OpenFlow[13]，一条规则可以包含1个或多个字段(field)，并伴有匹配到的数据包进行操作的动作(action)。

SDN/OpenFlow技术可以统计网络信息，包括网络流量信息和交换机队列信息等，通过这些信息能够更加精确、快速地进行网络状态的判断，为数据中心网络的拥塞控制和数据传输研究提供了全新的解决思路。然而在基于SDN的TCP传输协议研究中，一些解决方案仅通过SDN控制器实现部分初始传输参数的修改，并未优化传输过程中的传输速率，另一些解决方案虽然利用SDN控制器实现了拥塞控制，但是传输速率的调整未充分考虑当前的网络状态和数据中心网络的数据特性。

本节提出一种基于SDN的自适应可靠数据传输机制(adaptive reliable transmission control based on SDN，ARTCS)，针对当前网络状态和数据中心网络的数据特性，增强数据传输对网络状态的自适应性，在兼顾当前的网络状态和数据中心网络的数据特性的同时，优化传输过程中的传输速率。在连接建立时，根据SDN控制器获得的网络状态统计信息，设置TCP流的初始传输窗口，有效减少数据中心网络中老鼠流的传输时间。传输过程中自动检测拥塞，并根据网络拥塞程度调整TCP流传输速率，有效缓解拥塞，提高网络带宽利用率，实现数据中心网络中数据的高效传输。该机制根据网络状态动态调整TCP流的初始窗口和传输速率，减少拥塞丢包的同时充分利用网络带宽资源，利用SDN网络环境，直接获取网络的状态信息，增强了网络状态参数估计的准确性，提升了数据传输效率。

5.3.1 SDN的工作模式

SDN支持2种工作模式：被动模式(reactive)和主动模式(proactive)。

1. 被动模式

所谓被动模式，是指任何在交换机流表中找不到匹配项的数据包，都以Packet-In的形

① TCAM(ternary content addressable memory)是一种三态内容存储器，支持通配符查找，可以在1个时钟周期内给出查找结果。

式发送给控制器，由控制器根据策略生成流表项后，通过 Flow-Mod 下发到交换机。在被动模式下，SDN 的网络管理将会更加灵活。但是交换机的性能很容易受到控制器的处理速度、交换芯片与 Local CPU 之间的带宽等因素的影响[14]。因此在当前网络基础设施下，工业界普遍偏向于主动的工作模式。

2. 主动模式

控制器将所有流表项计算出，并提前下发到交换机流表中(尽管该交换机可能还未转发过该流表项对应的数据包)。受 TCAM 大小所限，若当前已知的流表项全部提前下发到交换机，则需要存放在交换芯片的片上存储。由于以上原因，TCAM 一般充当高速缓存(cache)。数据包到达后，先在 TCAM 中查找，若没有匹配则从片上存储中进行查找转发。相比被动模式，主动模式能在一定程度上解决控制器与交换机之间通信时延较大的问题。

图 5.11 展示了 SDN 的数据包处理流程。数据包从端口 1 进入交换机，交换芯片将分组头送入 TCAM 上的流表进行查找，找到则根据相应的 action 进行操作。若在 TCAM 中没有相应的匹配项，则交换芯片将数据包上传到 Local CPU，Local CPU 将数据包封装成 Packet-In，通过交换机上的 OpenFlow Agent 上传到控制器。控制器通过其处理逻辑下发 Flow-Mod 到交换机上的 OpenFlow Agent，进而传到交换芯片并将其插入流表，指导后续数据包转发。

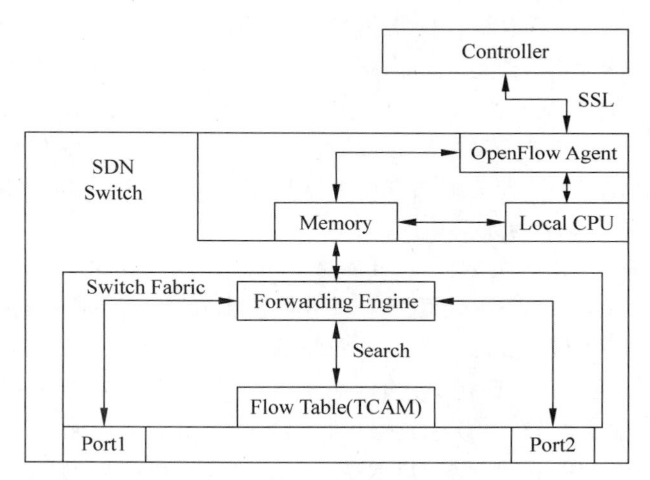

图 5.11 SDN 的数据包处理流程

5.3.2 ARTCS 的基本思想

ARTCS 的基本思想为：SDN 控制器对网络中所有数据流信息进行记录和统计(包括端口可用带宽以及主机间的 RTT 值)；根据当前的统计信息计算合适的 TCP 初始窗口值并将此值传送给发送方；通过监测交换机的队列长度进行拥塞检测；当网络发生拥塞时，控制器根据当前的拥塞程度计算接收窗口值，并下发到交换机；当网络拥塞缓解时，控制器删除流表修改项，恢复正常的窗口更新。ARTCS 的基本架构如图 5.12 所示。

ARTCS 的总体工作流程如图 5.13 所示，ARTCS 主要包括信息收集模块、参数计算模块、初始窗口计算模块、初始窗口更新模块、拥塞检测模块、发送窗口估算模块、发送窗口更新模块和拥塞恢复模块。控制器启动后通过信息收集模块获取网络拓扑信息、端口统计信

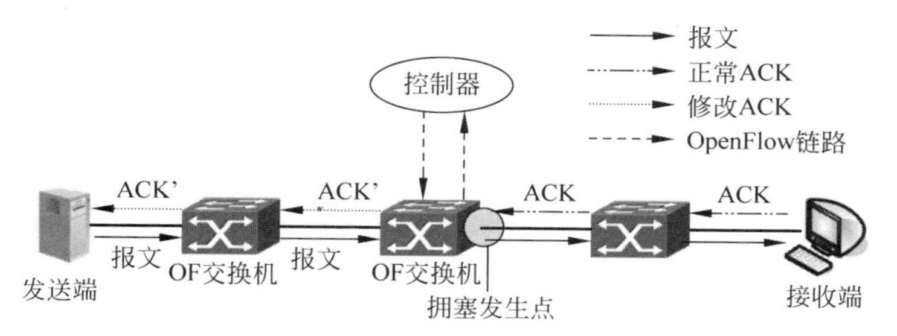

图 5.12 ARTCS 的基本架构

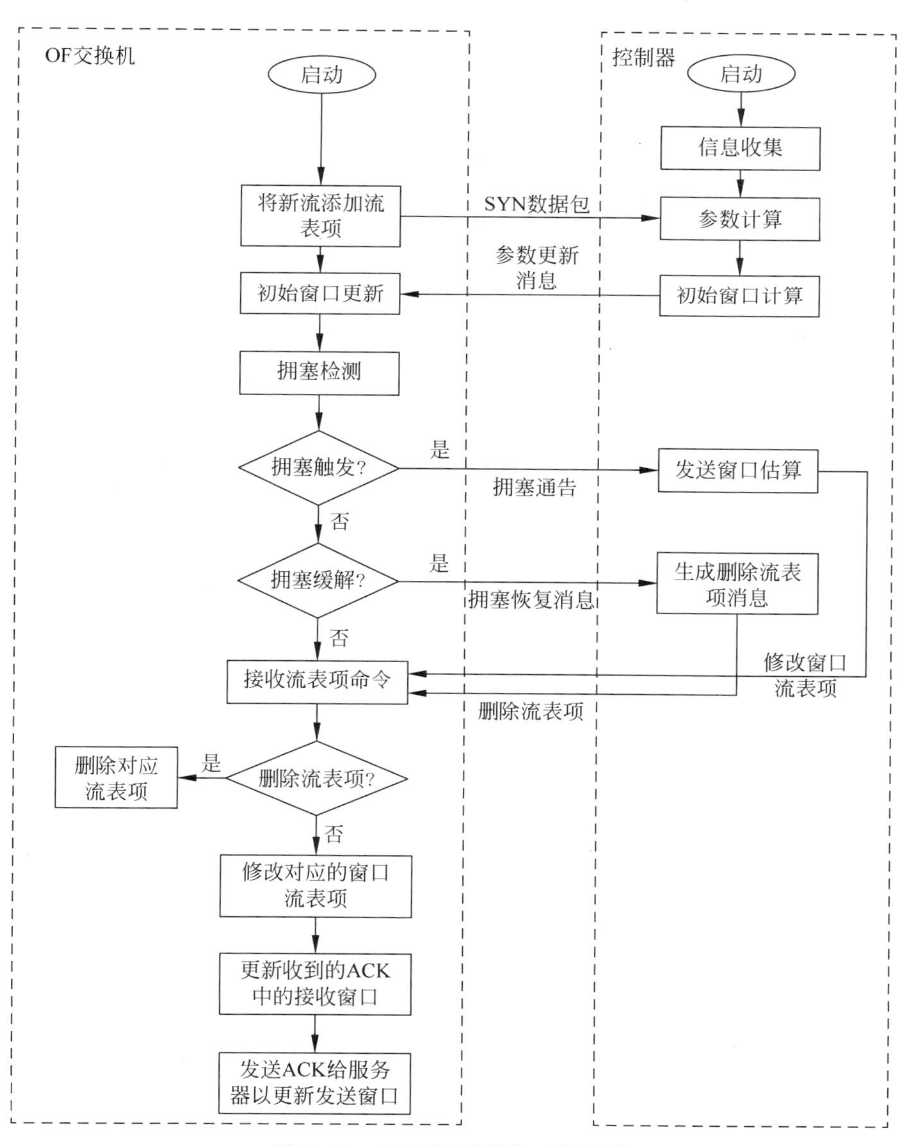

图 5.13 ARTCS 的总体工作流程

息；OF 交换机在检测到有新的 TCP 数据流到达时，将新数据流的信息添加到流表项，同时将收到的 SYN 数据包发给控制器；新的 TCP 连接建立后，控制器通过参数计算模块计算链路可用带宽以及端到端传输时延；控制器根据可用带宽等参数计算合理的 TCP 初始窗口，并将更新消息下发到 OF 交换机，OF 交换机将更新消息转发到发送方更新初始窗口值；OF 交换机通过监测端口队列长度变化进行拥塞检测，一旦发现网络拥塞则向控制器发送拥塞通告，控制器收到拥塞通告后，根据当前的拥塞程度进行发送窗口估算，并将修改窗口流表项命令下发 OF 交换机；OF 交换机收到 ACK 时便会进行窗口流表项匹配，若与流表项相符则修改 ACK 中的接收窗口值，否则保持 ACK 不变，进行正常的窗口更新；当 OF 交换机检测到拥塞缓解时，会向控制器发送拥塞恢复消息，控制器向 OF 交换机下发命令删除窗口流表项。

5.3.3 ARTCS 的具体方法

在 ARTCS 方法中，控制器周期性地获取 SDN 网络统计信息，并根据带宽利用率设置 TCP 连接的初始窗口值；交换机检测端口队列长度，当队列长度超过阈值时，将该交换机设置为拥塞状态，控制器计算经过拥塞交换机的所有 TCP 流的发送速率并下发流表至拥塞交换机，使交换机修改 TCP 流 ACK 报文中的接收窗口字段，降低 TCP 流的速率，达到拥塞控制的目的。控制器是数据控制逻辑的核心，它接收来自交换机的拥塞通告，并根据网络状态分配 TCP 流的速率，拥塞探测更加快速和准确，实现传输速率的自适应调整；发送端作为源主机接收控制器下发的初始窗口更新消息并更新窗口值，增强了带宽的利用率；接收端不需要进行任何修改，可以兼容现有的 TCP 协议栈，并且部署灵活方便。本节将给出每个模块的详细步骤，图 5.14 为 ARTCS 方法的详细流程图。

1. 信息收集模块

信息收集模块主要用于获取网络拓扑和端口统计信息。

(1) 控制器启动并基于链路层发现协议(link layer discovery protocol，LLDP)收集各 SDN 网络设备的连接信息(包括在每个交换机上的输入端口和输出端口)，根据 LLDP 数据包携带的交换机标识和端口号动态生成网络拓扑。

(2) 控制器周期性地下发端口统计消息到交换机，交换机将流表项计数器中记录的端口统计数据发回控制器，这些统计数据包括交换机端口收发的包数、字节数、丢包数以及统计持续的时间，用于计算带宽利用率。

(3) 控制器基于 TCP 连接的三次握手记录所有 TCP 数据流信息并生成全局数据流表 GVT。图 5.15 为基于 TCP 连接的 GVT 生成过程，建立 TCP 连接的第一次握手时，客户端发送 SYN 报文，由于交换机中没有该数据流的流表项，该交换机通过 OpenFlow 协议发送包含 SYN 报文的 OF_PacketIn 数据包到控制器，该控制器将该数据流信息添加到 GVT 中。GVT 包括数据流标识(Flow_ID)、源 IP 地址(SRC_IP)、目的 IP 地址(DES_IP)、发送数据报文的大小(size)、数据流路由信息(Flow_Path)和往返时延(RTT)。

控制器发送流表修改消息 FLOW_MOD 报文到交换机，该消息根据 OpenFlow 1.3 协议中 Nicira 私有扩展匹配域(Nicira extensible match，NXM)要求的特定匹配结构 OXM (OpenFlow extensible match)添加 TCP SYN 匹配域。OXM 的头部结构如图 5.16 所示，其中定义 OXM_CLASS 字段为 0x0001，表明这是自定义的 NXM；定义 OXM_FIELD 字段

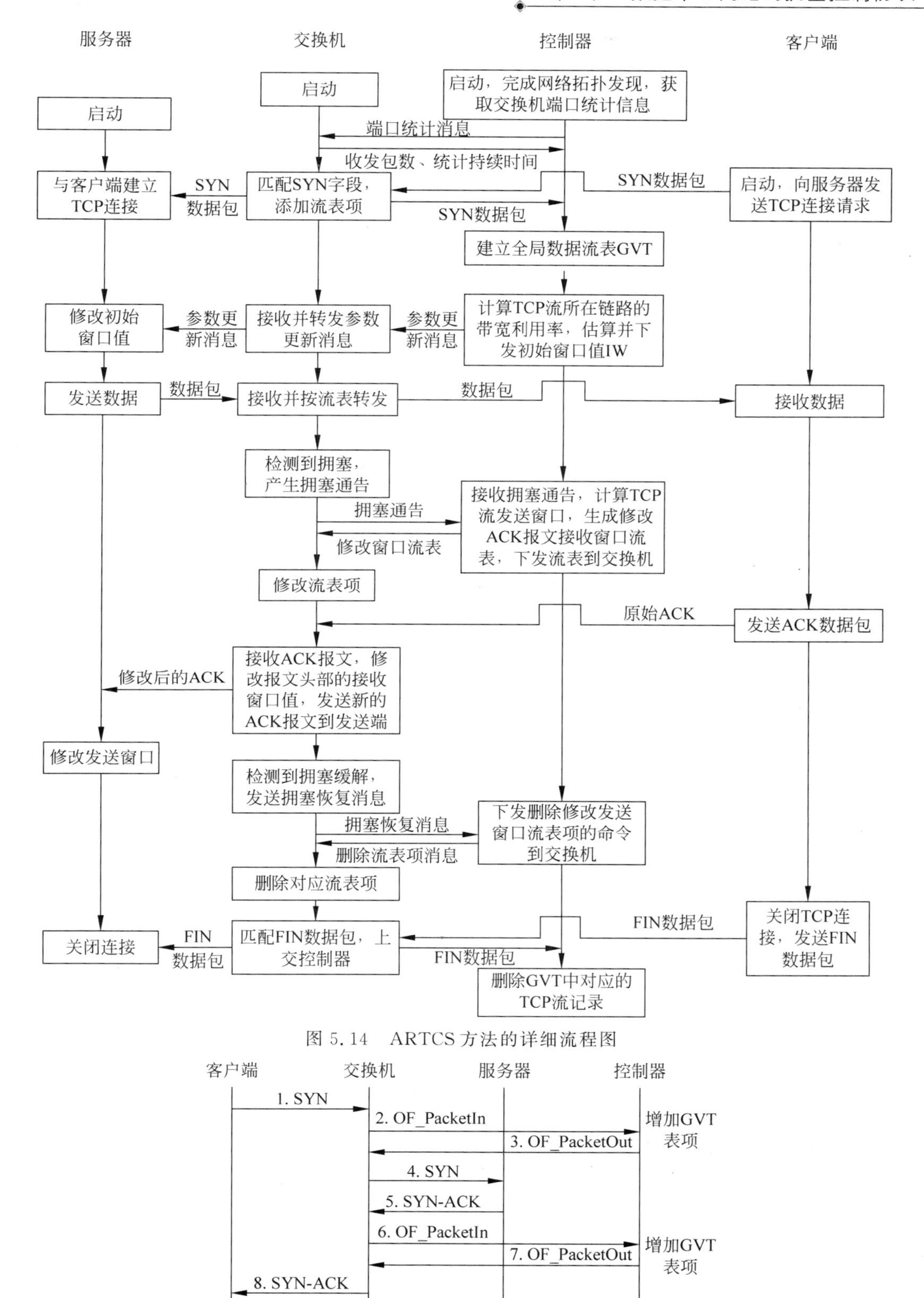

图 5.14　ARTCS 方法的详细流程图

图 5.15　基于 TCP 连接的 GVT 生成过程

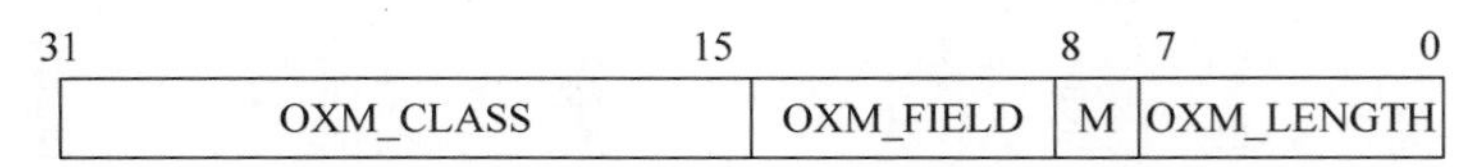

图 5.16 OXM 的头部结构

值为 TCP_SYN,表示匹配域为 TCP 头部的 SYN 选项;定义 M 字段值为 0,表示没有掩码;定义 OXM_LENGTH 字段值为 5 字节。OXM 负载 payload 中第 1 字节的值设置为 1,表示 TCP 头部的 SYN 位为 1。同时,消息下发动作指令为 Output,端口设为交换机与控制器通信的端口 $\mathrm{Port}_{\mathrm{StoC}}$。交换机收到流表修改消息后,将 TCP_SYN 字段作为 NXM 添加到该交换机的流表项中,同时添加动作指令 Output。之后交换机均会根据流表项匹配到 TCP SYN 并将数据包上交控制器,该控制器接收 SYN 数据包并记录所有 TCP 数据流信息,然后添加到 GVT 中,获得网络中所有 TCP 流的信息。

2. 参数计算模块

参数计算模块主要是根据信息收集模块中获得的数据计算一些基本参数值,包括链路可用带宽及端到端时延。

(1) 控制器根据相邻两次获取的端口发送字节数和统计持续的时间,计算每个端口的可用带宽,计算公式如下:

$$\mathrm{Port\_available\_bw}_{\mathrm{Port\_ID}} = B_{\mathrm{Port\_ID}} - \frac{\mathrm{tx\_bytes}_{i+1} - \mathrm{tx\_bytes}_{i}}{t_{i+1} - t_{i}}, \quad i = 1, 2, \cdots$$

式中,$B_{\mathrm{Port\_ID}}$ 是端口的最大带宽,在网络部署时已知,$\mathrm{tx\_bytes}_i$ 和 $\mathrm{tx\_bytes}_{i+1}$ 分别为第 i 次和第 $i+1$ 次统计时端口 Port_ID 传输的字节数,t_i 和 t_{i+1} 分别为从第一次统计到第 i 次和第 $i+1$ 次获取端口统计信息时持续的时间。

将 TCP 流经过的所有端口可用带宽的最大值作为该 TCP 流所在链路的可用带宽,即 $\mathrm{Available\_bw}_{\mathrm{Flow\_ID}} = \max\limits_{\mathrm{Port\_ID} \in \mathrm{Flow\_ID}} \{\mathrm{Port\_available\_bw}_{\mathrm{Port\_ID}}\}$,其中 Flow_ID 表示 TCP 流的标识,Port_ID 表示端口号,Port_ID∈Flow_ID 表示流标识为 Flow_ID 的 TCP 流经过了端口号为 Port_ID 的交换机端口。

(2) 利用 OpenFlow 发现协议(OpenFlow discovery protocol,OFDP),在类型长度值结构(type-length-value,TLV)中放入时间戳作为负载,由控制器产生带有时间戳的 OFDP 分组,并将 OFDP 分组放入 Packet_out 消息的数据部分,通过 Packet_out 命令向 TCP 流经过的所有交换机发送 OFDP 分组,命令中的操作设置为 Flood,即要求交换机向邻居交换机转发 OFDP 分组。

(3) 交换机收到转发的 OFDP 分组后,由于没有对应的流表项,因此通过 Packet_in 命令将其转发到控制器。控制器用当前系统时间减去 OFDP 分组中的时间戳可得到控制器到交换机 S_i、交换机 S_i 到交换机 S_j 以及交换机 S_j 到控制器的时延,记为 T_1;同样,也可得到控制器到交换机 S_j、交换机 S_j 到交换机 S_i 以及交换机 S_i 到控制器的时延,记为 T_2。

(4) 利用 ICMP 协议,通过控制器向交换机 S_i 和 S_j 分别发送带有时间戳的响应请求。交换机收到之后回复携带响应请求时间戳的响应回复消息。控制器将当前系统时间与响应回复分组中的时间戳相减得到对应交换机 S_i、S_j 和控制器之间的往返时延,分别记为 T_i 和 T_j,则交换机 S_i 和 S_j 之间链路的往返时延为 $L_{S_i \to S_j} = T_1 + T_2 - (T_i + T_j)$,路径 R 上

两个交换机 S_i 和 S_k 之间的链路往返时延为 $L_{S_i \to S_k} = \sum_{R_{i \to k}} L_{S_i \to S_{i+1}}$，其中 S_i 和 S_{i+1} 表示路径 R 上相邻的两个交换机。

(5) 控制器产生携带时间戳的地址解析协议(address resolution protocol，ARP)探测包，并发送到与 TCP 流两端主机 A 和 B 相连的交换机，由交换机转发到两个主机，主机产生携带 ARP 探测包时间戳的 ARP 回应包发回控制器，控制器用当前系统时间减去时间戳分别得到两个主机经所连交换机 S_A 和 S_B 到控制器的往返时延，该往返时延减去交换机 S_A 和 S_B 到控制器的往返时延即得到主机 A、B 与相连的交换机 S_A、S_B 之间的往返时延 d_A 和 d_B，由此得到 TCP 流的往返时延 $\text{RTT}_{A \to B} = L_{S_A \to S_B} + d_A + d_B$。控制器将 $\text{RTT}_{A \to B}$ 计入全局数据流表 GVT 中。

3. *初始窗口计算模块*

初始窗口计算模块主要根据当前的可用带宽和端到端的 RTT 值估算合理的 TCP 初始窗口值。控制器根据每条流的可用带宽和 RTT 值计算初始窗口值 IW，并通过 Packet_out 命令向连接发送端主机的交换机下发初始窗口更新消息，消息格式如图 5.17 所示，其中包含 OpenFlow 标准报文头(ofp_header)、对应 TCP 流的标识(Flow_ID)、与发送端主机相连的交换机标识(Switch_ID)、端口号(Port_ID)、初始窗口值(IW)、优先级和 cookie 字段。报文头 ofp_header 中的 type 字段设为 OFPT_IW_UDP，表示初始窗口更新消息。初始窗口值 IW 计算如下：

$$\text{IW} = \max\left\{\frac{\alpha \times \text{Available\_bw}_{\text{Flow\_ID}} \times \text{RTT}_{A \to B}}{\text{MSS\_length}}, 1\text{MSS}\right\}, \quad 0 < \alpha < 1$$

式中，MSS_length 表示一个数据分段的长度，1MSS 表示一个数据分段。

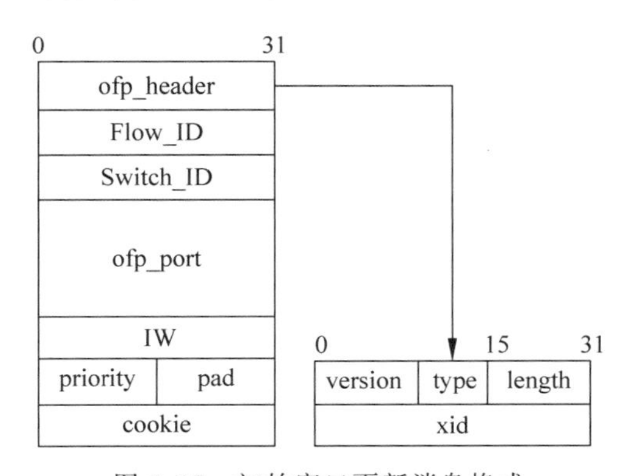

图 5.17　初始窗口更新消息格式

4. *初始窗口更新模块*

交换机收到来自控制器的初始窗口更新消息后，读取消息中的端口号 Port_ID，从对应端口将该消息发送到主机。主机上的守护进程检测到初始窗口更新消息，该进程读取消息中的初始窗口值 IW，并调用 Linux 内核命令修改 TCP 初始窗口值。通过修改初始窗口值，使数据流的传输能够尽快适应当前的网络带宽，有效缩短老鼠流的传输时间。

5. *拥塞检测模块*

交换机通过队尾丢弃队列管理方式实时监控 TCP 流经过的每个端口队列长度 $Q(t)$，

当交换机中端口的队列长度超过阈值 $L=Q/3$(Q 为队列缓存最大值)时,交换机产生拥塞通告消息(congestion notification message,CNM),并通过 Packet_in 命令将其发送到控制器。消息结构如图 5.18 所示,其中包含 OpenFlow 标准报文头 ofp_header,拥有所有端口信息的 ofp_port,表明端口队列长度的 port_buff,优先级 priority 和 cookie 字段。报文头 ofp_header 中的 type 字段设为 OFPT_BUF_CN,表示拥塞触发消息。交换机收到拥塞通告消息后则进入拥塞状态,并周期性地监视队列长度。

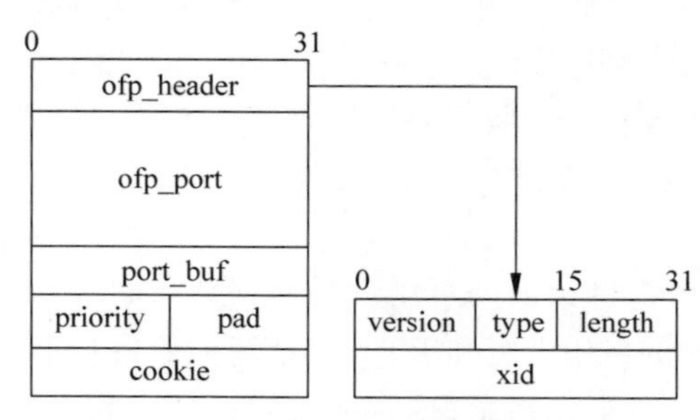

图 5.18 拥塞通告消息格式

6. 发送窗口估算模块

控制器接收来自交换机的拥塞通告,从通告中获取交换机的队列长度 $Q(t)$,估算经过交换机的 TCP 流的发送窗口大小,TCP 流 i 发送窗口大小的估算公式如下:

$$\mathrm{SWND}_i=\frac{\mathrm{BW}\times\mathrm{RTT}_{\mathrm{avg}}}{n}$$

式中,n 是经过拥塞端口的 TCP 流的总数,可由全局数据流表获得,BW 是交换机拥塞端口的最大带宽,在网络部署时就已知,$\mathrm{RTT}_{\mathrm{avg}}$ 是所有经过拥塞端口的 TCP 流的平均 RTT,即

$$\mathrm{RTT}_{\mathrm{avg}}=\frac{\sum\limits_{\text{拥塞端口在}A\text{、}B\text{路径上}}\mathrm{RTT}_{A\to B}}{n}。$$

控制器估算出发送窗口大小后,根据队列长度 $Q(t)$ 来表征交换机的拥塞程度,计算经过交换机的所有 TCP 流的 ACK 报文中的接收窗口大小。ACK 报文中接收窗口的大小计算如下:

设置阈值 $Q_{\mathrm{L}}=Q/2$ 和 $Q_{\mathrm{H}}=(4/5)Q$,即满足 $L<Q_{\mathrm{L}}<Q_{\mathrm{H}}$,利用上述两个阈值检测交换机的拥塞程度,根据拥塞程度的不同,设置不同的接收窗口大小:

(1) $L\leqslant Q(t)<Q_{\mathrm{L}}$:轻度拥塞,设置 TCP 流 i 的接收窗口

$$W_r(i)=\max\left\{\frac{4}{5}\mathrm{SWND}_i,1\mathrm{MSS}\right\}$$

(2) $Q_{\mathrm{L}}\leqslant Q(t)<Q_{\mathrm{H}}$:持续拥塞,设置 TCP 流 i 的接收窗口

$$W_r(i)=\max\left\{\frac{1}{2}\mathrm{SWND}_i,1\mathrm{MSS}\right\}$$

(3) $Q(t)\geqslant Q_{\mathrm{H}}$:严重拥塞,设置 TCP 流 i 中 ACK 报文的接收窗口

$$W_r(i)=1\mathrm{MSS}$$

式中,SWND_i 为 TCP 流 i 当前发送窗口大小。

7. 发送窗口更新模块

控制器生成并发送流表修改消息 Flow_Mod 报文到交换机，修改 ACK 报文接收窗口的流表。在 OXM 结构中添加 TCP ACK 匹配域，OXM 的头部结构如图 5.16 所示，其中定义 OXM_CLASS 字段为 0x0001，表明这是自定义的 NXM；定义 OXM_FIELD 字段值为 TCP_ACK，表示匹配域为 TCP 头部的 ACK 选项；定义 M 字段值为 0，表示没有掩码；定义 OXM_LENGTH 字段值为 9 字节。OXM 负载 payload 中第 1 字节的值设置为 1，表示 TCP 头部的 ACK 位为 1。在 OXM 负载中第 2～5 字节设置接收窗口值 $W_r(i)$。另外，在流表修改消息中扩展动作集合，根据 OpenFlow 1.3 协议，在 Instruction 结构中，将 type 字段设为 OFPT_APPLY_ACTIONS，在动作集合 OFPT_SET_FIELD 中添加修改接收窗口(MOD_WINDOW)的新动作。

当交换机收到来自控制器的修改窗口流表消息，将 TCP_ACK 字段作为 NXM 添加到该交换机的流表项中，同时通过 Write_Action 指令添加动作 MOD_WINDOW。之后交换机均会根据流表项匹配到 TCP ACK 报文并根据动作指令 MOD_WINDOW 将 TCP ACK 报文中的接收窗口值字段修改为 $\mathrm{RRWND}(i)'=\min(W_r(i),\mathrm{RWND}(i))$，其中 RWND($i$)为数据流 i 的 ACK 报文中原有的接收窗口字段的大小。ACK 报文中接收窗口的调整促使发送方调整发送窗口 $W_s=\min\{W_c,W_r\}$，因此可有效缓解拥塞，提高数据流的传输效率。

8. 拥塞恢复模块

拥塞恢复模块主要用来处理网络拥塞缓解时的情况。交换机持续监视队列长度，只要每个周期(设为流经交换机的所有 TCP 流的 RTT 平均值 $\mathrm{RTT}_{\mathrm{avg}}$)监视队列的长度仍超过阈值 L，则持续向控制器发送拥塞通告。当连续三个周期监视的队列长度均小于阈值 L，交换机向控制器发送拥塞恢复消息，该消息的结构与图 5.18 所示的拥塞通告消息类似，只需将报文头 ofp_header 中的 type 字段设为 OFPT_BUF_CR，表示拥塞恢复消息。控制器收到拥塞恢复消息后，向交换机下发 Flow-Mod 消息，将该消息中的 command 字段设为 OFPC_DELETE_STRICT。交换机收到上述消息后，删除修改窗口流表项，并恢复正常状态。

当 TCP 连接关闭时，交换机第一次接收到客户端或服务器发送的 TCP FIN 数据包后，解析包头，将解析包头后的数据包上交控制器，该控制器从全局数据流表 GVT 中将对应的 TCP 流记录删除，并发送流表修改消息到交换机，该流表修改消息在 OXM 结构中添加 TCP FIN 匹配域。与之前的流表消息类似，OXM 的头部结构如图 5.16 所示，其中定义 OXM_CLASS 字段为 0x0001，表明此为自定义的 NXM；定义 OXM_FIELD 字段值为 TCP_FIN，表示匹配域为 TCP 头部的 FIN 选项；定义 M 字段值为 0，表示没有掩码；定义 OXM_LENGTH 字段值为 5 字节。OXM 负载 payload 中第 1 字节的值设置为 1，表示 TCP 头部的 FIN 位为 1。同时，消息下发动作指令为 Output，端口设为交换机与控制器通信的端口 $\mathrm{Port}_{\mathrm{StoC}}$。交换机收到流表修改消息后，将 TCP_FIN 字段作为 NXM 添加到该交换机的流表项中，同时添加动作指令 Output。之后交换机均会根据流表项匹配到 TCP FIN 并将数据包上交控制器，该控制器接收 FIN 数据包并从 GVT 表中将对应的 TCP 流记录删除。

5.4 本章小结

Incast 拥塞是数据中心网络拥塞的主要形式。现有的解决方法要么难以部署,要么难以及时检测和响应网络拥塞,因此,它们不能同时实现高带宽利用率和低排队时延。

本章从两方面解决上述问题,一方面,改进 DCTCP 协议并提出了 FDCTCP 协议,利用 ECN 来推断网络拥塞并计算拥塞因子。在接收到带有 ECN 标记的 ACK 时,FDCTCP 使用拥塞检测方法来估计网络拥塞程度和趋势。然后 FDCTCP 使用快速拥塞缓解机制,根据拥塞程度来减少拥塞窗口。若随后接收到的 ACK 没有 ECN 标记,FDCTCP 则使用快速恢复机制将拥塞窗口恢复到 Incast 发生前的数值。仿真结果表明,在服务器数量和缓冲区大小不同的情况下,FDCTCP 在数据流完成时间、吞吐率和队列长度方面都比 DCTCP 有显著的性能提升。

另一方面,提出一种基于 SDN 网络的自适应可靠数据传输机制 ARTCS,在连接建立时,根据 SDN 控制器获得的网络状态统计信息,设置 TCP 流的初始传输窗口,有效减少数据中心网络中老鼠流的传输时间。传输过程中自动检测拥塞,并根据网络拥塞程度调整 TCP 流传输速率,有效缓解拥塞,提高网络带宽利用率,实现数据中心网络中数据的高效传输。该机制针对当前网络状态和数据中心网络的数据特性,增强数据传输对网络状态的自适应性,在兼顾当前的网络状态和数据中心网络的数据特性的同时,优化传输过程中的传输速率。

参考文献

[1] Alizadeh M,Greenberg A,Maltz D,et al. Data center TCP(DCTCP). ACM SIGCOMM ComDuter Communication Review,2010,40(4):63-74.

[2] Greenbei A,Hamilton J R,Jain N. VL2:A scalable andflemble data center network. ACM SIGCOMM Computer Communication Review,2009,39(4):51-62.

[3] 王娟. 数据中心网络"多对一"流量模式的高吞吐率传输. 四川师范大学硕士学位论文,2020.

[4] 2020 年中国数据中心行业市场现状及发展趋势分析——工业计算将成为行业新发展动力. https://www.sohu.com/a/408012332_99922905,2021-7-28.

[5] Bari M F,Boutaba R,Esteves R,et al. Data center network virtualization: a survey. IEEE Commun Surv. Tutorials,2013,15(2): 909-928.

[6] Zhang Y,Ansari N. On architecture design,congestion notification,TCP incast and power consumption in data centers. IEEE Commun. Surv. Tutorials,2013,15(1): 39-64.

[7] Xie D,Ding N,Hu Y C,et al. The only constant is change: incorporating time-varying network reservations in data centers. In Proc. of the ACM SIGCOMM 2012 Conference on Applications, Technologies,Architectures,and Protocols for Computer Communication,SIGCOMM 12. Helsinki, Finland,2012:13-17.

[8] Guo C,Yuan L,Xiang D,et al. Pingmesh: a large-scale system for data center network latency measurement and analysis. In Proc. of SIGCOMM 15,London,United Kingdom,2015.

[9] Ren Y,Zhao Y,Liu P,et al. A survey on TCP Incast in data centernetworks. Int. J. Commun. Syst., 2014,27(8): 1160-1172.

[10] Benson T,Akella A ,Maltz D A. Network traffic characteristics of data centers in the wild. In Proc. of

the 10th ACM SIGCOMM Conference on Internet Measurement, Melbourne, Australia, 2010.

[11] Monsanto C, Reich J, Foster N, et al. Composing software defined networks. In Proc. of 10th USENIX Symposium on Networked Systems Design and Implementation, Lombard, IL, United States, 2013: 1-13.

[12] 毛健彪. Open vSwitch 流表查找分析. https://www. sdnlab. com/15713. html, 2021-8-6.

[13] McKeown N, Anderson T, Balakrishnan H, et al. OpenFlow: enabling innovation in campus networks. ACM SIGCOMM Computer Communication Review, 2008, 38(2): 69-74.

[14] He K, Khalid J, Gember-Jacobson A, et al. Measuring control plane latency in SDN-enabled switches. In Proc. of the 1st ACM SIGCOMM Symposium on Software Defined Networking Research, New York, 2015: 1-6.

第6章

5G毫米波通信下的动态拥塞控制协议

5G 毫米波通信具有高带宽、低时延、信道动态变化的特点，对信号阻塞、接收信号质量的大波动和突发的连接中断非常敏感，这些特点给上层网络协议的设计带来了很大的挑战。目前对于 5G 网络的传输性能，较多的研究集中在物理层和 MAC 层，但毫米波链路和传输层协议(如 TCP)之间的复杂交互仍未被深入研究。相关的研究主要围绕当前的 TCP 在 5G 网络中的性能分析来展开。

本章针对 TCP 拥塞控制协议在 5G 网络中面临的挑战进行深入研究，首先对 5G 网络中拥塞控制协议适应性进行分析。选取 8 个典型的拥塞控制协议，在三个具有代表性的 5G 网络仿真场景下进行广泛的实验研究。其次，针对在 5G 场景中适应性较好的 BBR 协议进行改进，提出一个 NewBBR 协议，通过使用快速拥塞感知算法以改进 BBR 对网络拥塞响应较慢的问题。该算法利用往返时延和数据包到达速率的变化率探测拥塞点，当探测到接近拥塞点时，NewBBR 进入排空状态，控制队列的增长。最后，针对 BBR 在高动态场景下不能及时探测瓶颈带宽变化的问题，基于卡尔曼滤波提出一个新的拥塞控制协议 Kalman-BR。通过构建端到端链路可用带宽模型，结合卡尔曼滤波得到动态带宽预测算法，该算法根据数据包的发送速率和 ACK 的接收速率估计网络可用带宽，及时探测带宽变化。实验表明，Kalman-BR 比 BBR 实现了更高的吞吐率和更低的往返时延，能有效提升 5G 网络中的数据传输性能。

6.1 引言

世界各国都在发展 5G，以期在未来的科技创新中占有一席之地。高通在《5G 经济研究报告》中预测，2020—2035 年，5G 对全球 GDP 增长的贡献将相当于印度同等规模的经济体；2035 年，5G 将在全球创造 12.3 万亿美元经济产出[1]。爱立信在《移动市场报告》[2]中预测，到 2024 年 5G 用户将达到 19 亿，5G 全球人口覆盖率将达到 45%。

我国高度重视 5G 技术的发展，《中国制造 2025》《国家信息化发展战略纲要》等文件中明确提出，要加快建设新一代信息基础设施，全面突破第五代移动通信技术，力争 2025 年建成国际领先的移动通信网络[3-4]。目前，中国已经成为 5G 全球领跑者之一。我国 5G 网络已经在各主要城市部署完毕，中小城市快速普及，城镇乡村有所涉及。

工信部发布的《"十四五"信息通信行业发展规划》指出，到2025年我国的5G基站数量为平均每一万人拥有26个，5G用户普及率达到56%，行政村5G通达率为80%。5G网络所具有的高带宽、低时延特点将推动社会进一步发展。在可预见的将来，5G将极大地拉动经济发展，改变人们的生活[5]。作为5G的核心技术，毫米波通信具有高速率和低时延的优势，但同时也为5G网络中传输协议的设计带来了新的挑战。

6.1.1　5G毫米波通信技术简介

3GPP规定的5G通信频段标准有Sub-6GHz和毫米波两种。基于国情的考虑，目前我国采用的是Sub-6GHz方案。但是工信部在2020年3月发布的《工业和信息化部关于推进5G加快发展的通知》中明确提出"适时发布部分5G毫米波频段频率使用规则""组织开展毫米波设备和性能测试，为5G毫米波技术商用做好准备"[6]。这表明在未来中国将逐步开放5G毫米波频段。

5G毫米波相比于其他移动带宽通信技术具有以下特点：

(1) 5G毫米波空中接口拥有高容量带宽。按波长区分，1～10mm的电磁波即为毫米波，其频率分布在30～300GHz范围内。由于低频的频谱资源已经被各种通信应用分配完毕，导致5G不得不采用频谱资源更广的毫米波。充足的频谱资源使得5G具备了Gbps级的空中接口带宽。

(2) 5G毫米波空中接口具备极低时延通信的能力。更高的频率使得时隙间隔可以做到更小，同时采用更改帧参数、非正交多址、新型的调制和编码等优化措施使得5G具备了低于1ms的空中接口时延。

(3) 5G毫米波信道呈现高动态性的特点。高频也使得5G信号的衍射能力较差，特别是在高楼林立的城市环境中，这势必影响5G信号的传播能力。在对毫米波信号传输的实验结果也表明，5G毫米波的传输主要通过一阶反射和二阶反射、散射实现。同时，除了会受到高楼、地形等障碍物的影响外，大气环境中的雨雪、尘埃以及空气分子等也会吸收或干扰毫米波信号，增加5G毫米波传输损耗。并且在移动环境下，由于各种干扰因素的叠加，导致5G毫米波信道呈现高动态性的特点。

因此，采用毫米波技术的5G网络将不再成为未来网络应用发展的瓶颈，并且会带来更多新奇、有趣的应用。同时，其高动态性的特点也为采用毫米波技术的上层协议带来严峻的挑战。

6.1.2　拥塞控制协议在5G毫米波通信中面临的挑战

TCP下的拥塞控制算法作为为上层协议提供可靠传输的核心算法，控制着数据包的发送速率、可发送的数据包数量以及检测到拥塞事件等情况后的调度。在最初的网络雏形中，采用的通信物理媒介是有线的方式，并且网络中的缓存容量也较小，因此通信链路通常较为稳定，丢包导致的ACK超时和链路拥塞具有较强的相关性。随着通信技术的发展，端到端链路正在逐渐变得不稳定。同时，随着网络中的缓存越来越大，丢包导致的ACK超时和拥塞之间的相关性也在逐渐减弱。但是，目前大多数的拥塞控制协议仍然是在过去传输协议基础上进行改进的。这些协议所采用的固有的机制在高带宽、低时延、高动态性的5G网络中表现出了极大的不适应。

(1) 目前网络中被广泛使用的TCP采用的AIMD拥塞窗口调整机制，大大限制了高带宽网络下的带宽利用率，特别是在高带宽和高动态性并存的5G网络中，势必会造成带宽的浪费。具体来说，高动态性必然影响数据的传输性能，导致丢包概率增大，因此5G网络极大地增加了拥塞控制协议中拥塞事件的触发频率。而拥塞控制协议中的乘性减少拥塞调整策略，可能导致拥塞窗口频繁地被减半，拥塞控制协议不得不使用慢开始、加性增加等机制重新对链路带宽进行探测，这严重影响了网络整体的吞吐量。

（2）现有的拥塞控制协议大多仍以丢包导致的超时作为网络拥塞的信号，因此协议很容易导致发送超过链路瓶颈处理能力的数据包到网络中，这将造成严重的网络拥塞，导致往返时延非常高。具体来说，由于过去的网络通常采用有线的方式连接，并且网络中存在的缓存容量极小，导致发送方一旦发送到网络中的数据量超过链路瓶颈容量，网络中的节点就会很快因缓存满而不得不丢包，使得发送方感知到丢包，从而减小拥塞窗口。这种情况下，丢包和拥塞之间存在强相关性。而5G网络高带宽和高动态性的特点，必然需要较大的缓存空间，这严重削弱了丢包和拥塞之间的相关性。因此导致基于丢包的拥塞控制协议发送的数据包会聚集到5G网络缓存中，这造成了极高的队列时延。

（3）比起4G移动通信技术，5G毫米波更易受到外部环境的影响，信号质量波动频繁，链路可用带宽和传输时延高度动态变化，而当前的拥塞控制协议缺乏对链路状态的主动认知，其发送到网络的数据包数量严重超过链路实际处理能力，极大增加了拥塞事件的触发频率，导致吞吐量降低。

可见，为了使5G毫米波通信的优势得到充分应用，需要研究高效动态的拥塞控制机制，以实现高带宽利用率、端到端的低时延，能够快速感知并适应信道变化所导致的带宽时延变化。

本章研究了5G毫米波通信中高效动态的拥塞控制机制，以实现高带宽利用率以及往返时延，并能及时感知信道动态变化所引起的可用带宽和时延变化。5G毫米波通信中拥塞控制机制的研究将为未来深入探索5G毫米波网络应用提供理论支撑，也将为今后5G毫米波的发展及广泛应用提供技术支持和技术储备。

6.2 5G网络中拥塞控制协议的适应性分析

对拥塞控制协议的性能研究一直是网络研究中的热门问题，研究人员对此做了大量的对比实验[7-14]。但是，目前针对5G网络中的拥塞控制协议的适应性分析不够系统和全面。本节为了研究目前典型的拥塞控制协议在5G网络中的性能，利用NS-3设计了静止、遮挡和移动三个仿真场景，并选择了8个典型的拥塞控制协议作为研究对象。通过分析它们在三个仿真场景下的往返时延、吞吐率和拥塞窗口等相关参数的变化情况，研究这些典型协议在5G网络中的适应性。

6.2.1 5G网络仿真拓扑构建

本节使用网络模拟器NS-3（Network Simulator 3）进行仿真实验平台搭建，在NS-3中添加M. Mezzavilla等设计的毫米波模块[14]以模拟5G毫米波通信，通过设置不同的场景对典型的拥塞控制协议进行对比分析。

1. NS-3 网络模拟器

NS-3 作为一个离散事件网络模拟器，受到广大通信和网络研究人员欢迎，其功能非常强大，常用于开发新协议以及分析复杂网络系统。NS-3 是在 NS-2 的基础上采用 C++ 进行全新开发的工具，且支持 Python 和 C++ 编写网络环境脚本。NS-3 是免费开源的，根据 GNU GPLv2 许可获得许可。随着越来越多的工业界和学术界的研究人员加入，NS-3 下的模块逐渐丰富，目前已经支持模拟各种无线和有线网络、TCP/IP 协议栈等，甚至也能通过模块和真正的受支持的主机进行通信。此外，在 NS-3 的官方网站上，有着丰富的指导文档、模块文档以及 API 文档，可以方便地解决实验中遇到的问题[15]。

NS-3 中的模块既相互独立，又可以相互聚合。各个模块以单独的文件夹存放，其中，src 文件夹存放实现该模块的仿真模型的源代码，helper 文件夹存放该类的一些简化配置方法和数据追踪方法，examples 文件夹存放该类的模块使用案例。采用面向对象的设计模式实现的这些模块向用户隐藏了模块的具体设计细节，因此在构建仿真实验环境时，可以将多个不同的模块轻松聚合及实例化，方便研究人员进行定量分析和跨层协议设计。

2. NS-3 毫米波模块

NS-3 毫米波模块以 NS-3 原有的 LTE 模块为基础，自定义 PHY 层和 MAC 层。图 6.1 描述了该毫米波模块的组件构成。橙色部分为毫米波信道模型，包括天线阵列、毫米波波束赋形、毫米波传播损耗、错误模型。紫色部分为毫米波物理层和介质访问控制层。绿色部分则沿用 LTE 上层模型。

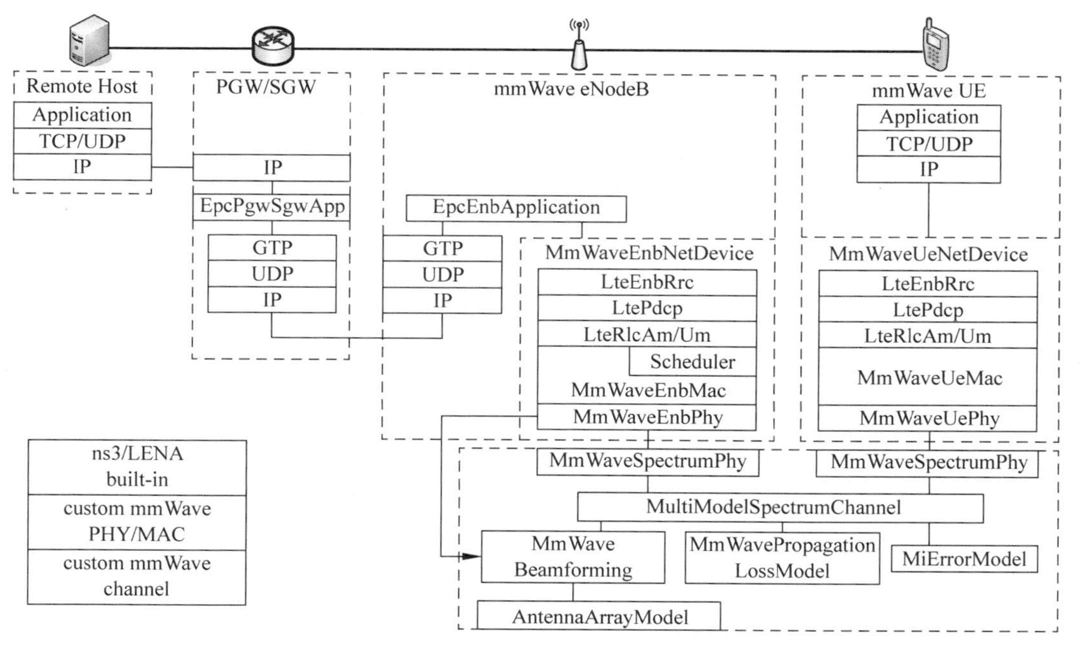

图 6.1 NS-3 毫米波模块的组件构成

NS-3 毫米波模块实现了一个双栈组件类 McUeNetDevice，既可以提供 LTE 接入，也能提供毫米波接入。MmWaveEnbMac 类和 MmWaveUeMac 类通过实现 LTE 模块服务接入点(SAP)，启用了和 LTE RLC 层之间的交互。在 MAC 层类和 Scheduler 类中实现了

RLC 的四种传输模式，即透明模式（TM）、饱和模式（SM）、非确认模式（UM）和确认模式（AM），保证了分组核心网（EPC）所需的各个组件都可用。

MmWavePhy 根据 MAC 层的控制消息处理上传和下行数据以及控制信道的定向传输和接收。类似 LTE 模块采用 MmWaveSpectrumPhy 类和 SpectrumChannel 类基于时分双工（TDD）进行通信。此外，此模块物理层还封装了信噪比计算模型（MmWaveSinrChunkProcessor）、干扰计算模型（MmWaveInterference）、交互信息错误模型（MmWaveMiErrorModel）和混合自动重传请求模型（MmWaveHarqPhy）等。

同时，此模块可以自行配置中心频率、带宽等物理层参数。本章采用默认值 28GHz 的毫米波频率作为实验频率，带宽设定为 200MHz，子载波间隔为 60kHz，文中所有 5G 网络均指使用 5G 毫米波通信的网络。

3. 基于 NS-3 毫米波模块的 5G 网络拓扑设计

本节采用 NS-3 网络仿真软件设计静态、遮挡和移动三个网络使用场景。三个场景的拓扑结构如图 6.2 所示，5G 核心网通过一个路由器与服务器连通。图 6.3 是三个场景下的信噪比随时间变化情况。

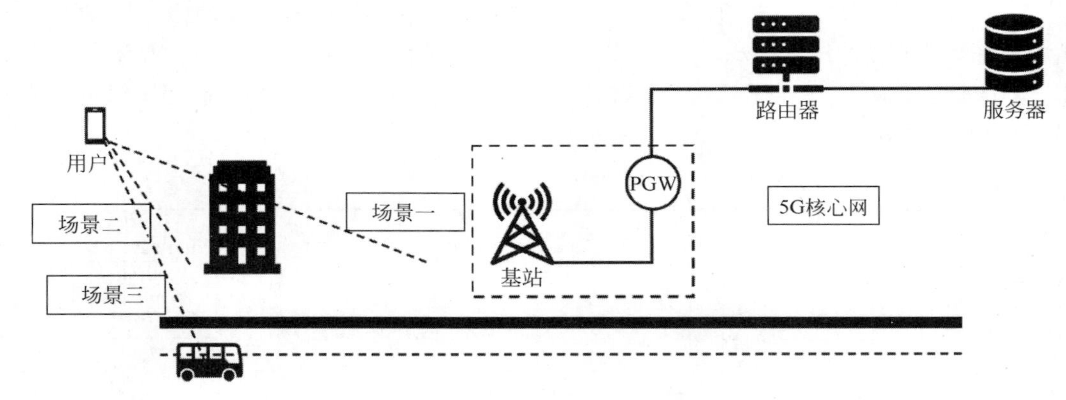

图 6.2　5G 网络仿真实验拓扑

在场景一中，用户设备与基站之间距离设置为 25m，并且两者之间没有任何障碍物，因此两者进行的是信号质量极佳的视距（LOS）通信，从图 6.3 可以看到，此时信号较为稳定。

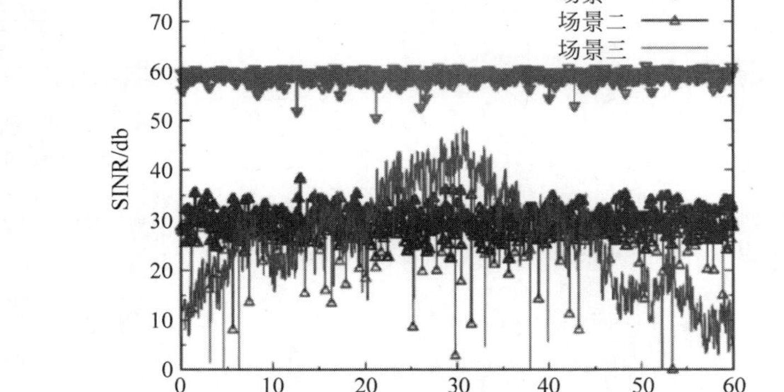

图 6.3　三个场景下的信噪比随时间变化情况

在场景二中，用户设备和基站之间的距离设置为50m，并且在两者之间设置建筑物完全遮挡信号，两者进行非视距(NLOS)通信。从图6.3可以看到，遮挡后信噪比只有场景一中的一半，总体稳定在一定范围值内，但相比场景一波动较大。

在场景三中，用户设备按水平距离计算，从距离基站150m处以5m/s的速度匀速靠近基站之后远离，纵向距离为20m，保持不变。从图6.3可以看到此时的信号波动十分明显，随着用户由远及近，然后由近到远，其信号也由弱到强，又由强到弱。

仿真实验中服务器和路由器之间的链路带宽和时延分别设置为100Gbps和0.001ms，路由器和5G核心网之间的链路带宽和时延分别设置为100Gbps和1ms。实验中其他通用参数配置如表6.1所示。

表6.1 其他通用参数配置

参数名	参数值	备注
queueDisc	FIFOQueueDisc	缓存队列规则
queueSize	1000×MSS	节点最大缓存
SndBufSize	50×1024×1024B	TCP发送缓存
RcvBufSize	50×1024×1024B	TCP接收缓存
InitialCwnd	10	初始拥塞窗口
DelAckCount	1	发送ACK前等待的数据包数量
SegmentSize	1500B	TCP最大分组大小
MTU	1500B	最大传输单元
HarqEnabled	True	混合自动重传请求
RlcAmEnabled	True	RLC确认模式
IsotropicElements	True	各向同性模式发射电磁波

6.2.2 典型拥塞控制协议适应性分析

本节给出典型拥塞控制协议在5G网络不同场景下的仿真实验结果，并分析了这些协议在5G网络中的适应性。

1. 场景一(静态场景)下的适应性分析

在静态场景中，用户和基站进行信号质量极佳的视距通信，发送方为服务器，接收方为用户，分别对8个拥塞控制协议进行仿真实验，每个仿真实验持续时间为60s，根据吞吐率、往返时延等参数进行适应性分析。

1) 吞吐率和拥塞窗口

图6.4和图6.5分别给出了所有协议的吞吐率和拥塞窗口随时间变化情况，由于协议较多，将其分组进行展示。因为BBR协议的性能在8个协议中相对较好，而Vegas的性能相对较差，为了显示两个协议与其他协议的性能差异，在每组图中均包含了BBR和Vegas的实验结果。从图6.4可以看出，除Vegas以外其他协议均可以以较高的吞吐率传输数据。L. Kleinrock已经证明了最佳的拥塞控制时机并将其定义为Kleinrock操作点。Vegas采用固定的阈值限制时延的升高，一旦检测到时延稍有增加，就会立即降低拥塞窗口限制数据包发送。从图6.5来看，Vegas的cwnd始终处于较低的位置，约有30个数据包。说明Vegas采取拥塞控制的时机远远提前于Kleinrock操作点。BBR会以10s的间隔周期性地

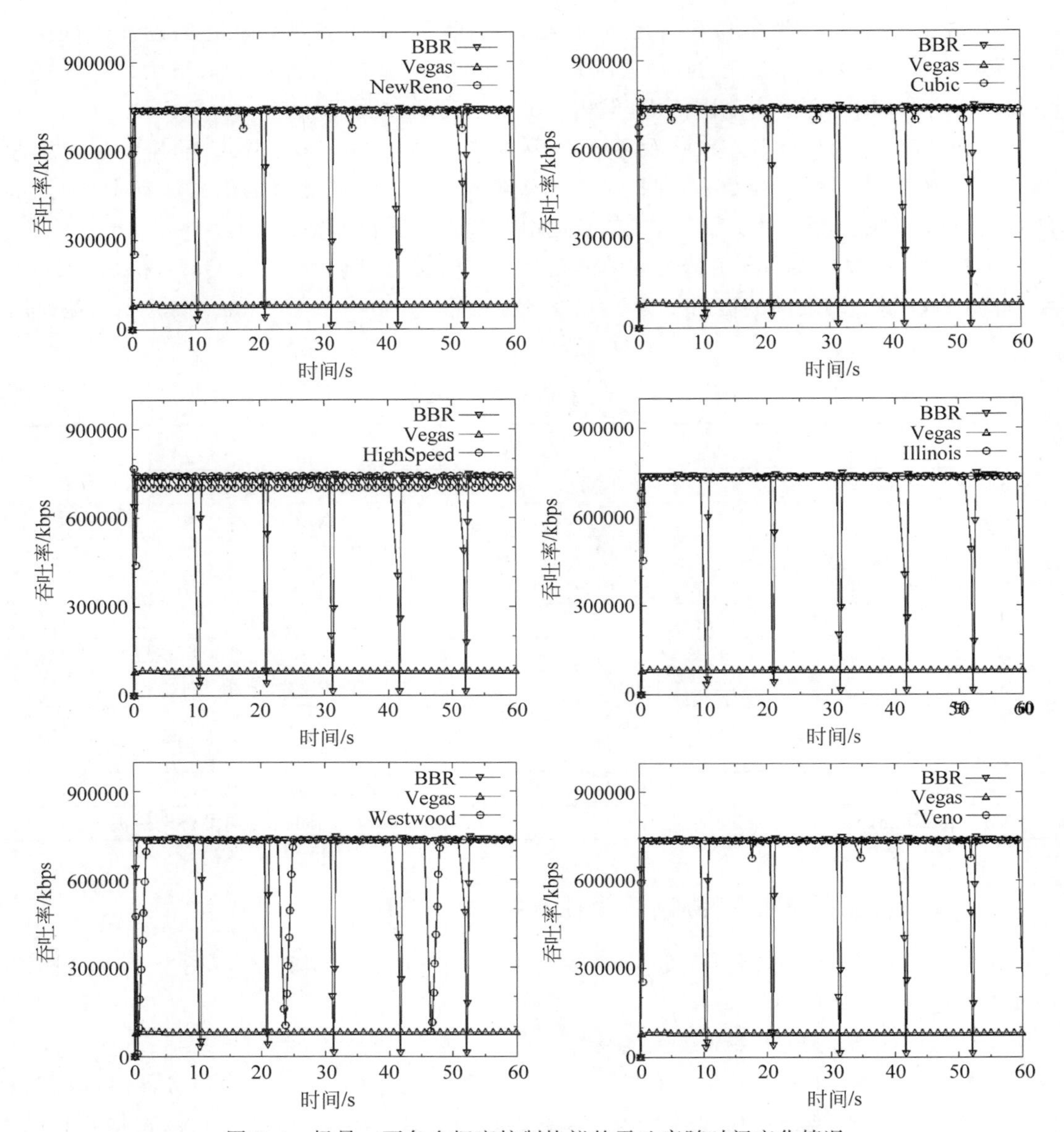

图 6.4 场景一下各个拥塞控制协议的吞吐率随时间变化情况

更新链路最低往返时延,并把这个值作为计算瓶颈 BDP 的因子,为了得到较为准确的时延,BBR 每隔 10s 降低 pacing rate 和 cwnd 的增益系数,以排空缓存中的队列,这个过程会持续 200ms,所以在图中可以看到 BBR 的吞吐率会周期性下降,而当 200ms 时间到了之后,BBR 能较快地恢复原来的 pacing rate 和 cwnd,所以总体上能够实现较高的吞吐率。

NewReno、Cubic、HighSpeed、Illinois、Westwood、Veno 都采用了基于丢包的机制判别拥塞。这导致它们只有在丢包发生时,才采取拥塞控制措施。从图 6.5 可以看到,在开始阶段,它们都存在较为激进的窗口增加的情况。随后,NewReno 采用拥塞避免算法线性增加 cwnd,直到再次触发拥塞事件,循环往复; Veno 相比 NewReno 多了一个拥塞和非拥塞判别机制,因此当确实发生拥塞时,两者行为基本一致。Cubic 利用三次函数的变化曲线增加

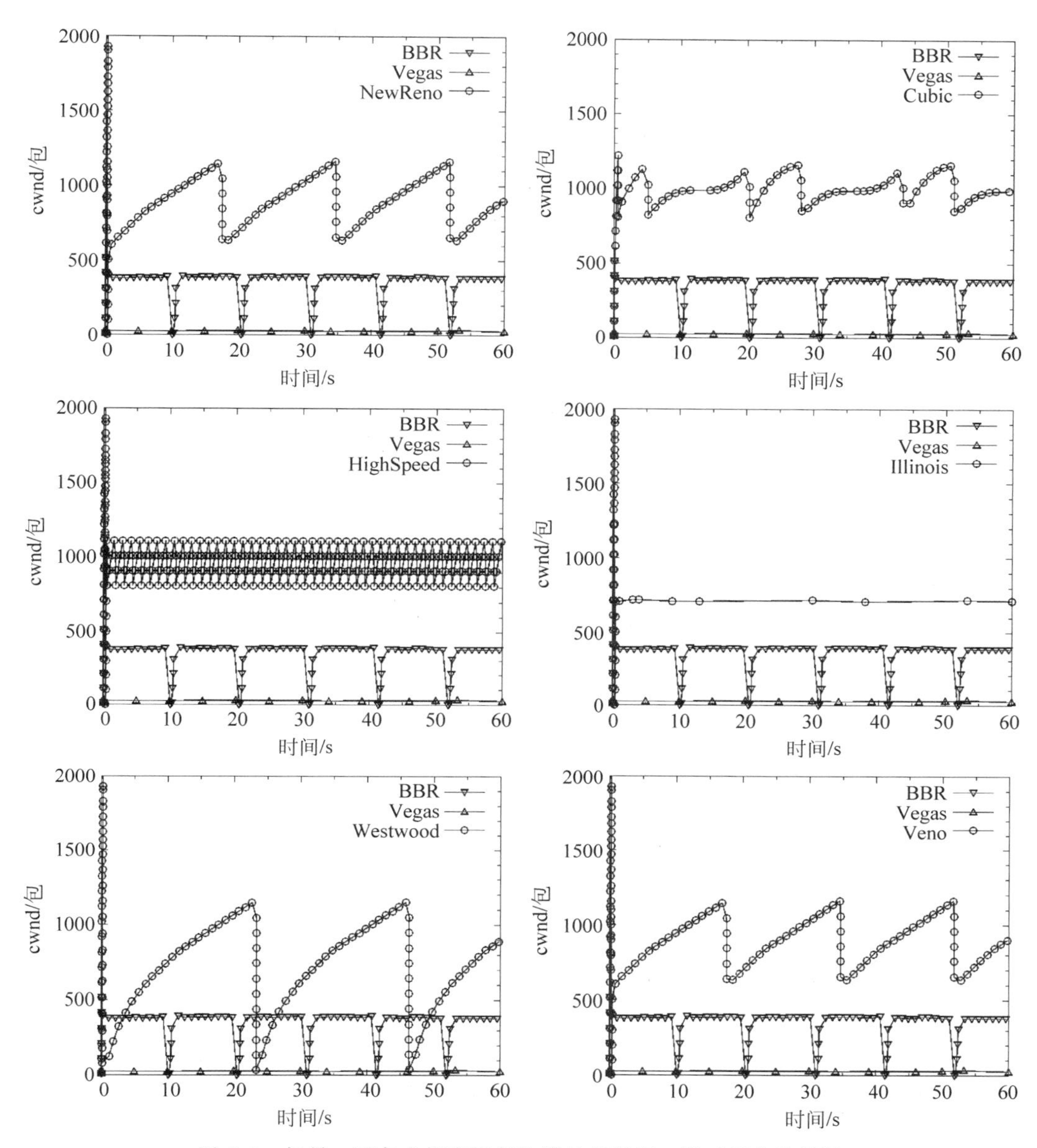

图 6.5　场景一下各个拥塞控制协议的拥塞窗口随时间变化情况

cwnd，以提高链路吞吐率。Cubic 利用三次函数拐点左边的曲线快速升高 cwnd 至 ssthresh，然后利用三次函数拐点右边的曲线激进升高 cwnd，以探测链路空余带宽。由于三次函数拐点右边的曲线斜率越来越大，因此 Cubic 的拥塞事件触发频率比 NewReno 更高。Illinois 与 Cubic 的区别在于，在三次函数拐点右边的行为不一致。Illinois 会利用往返时延估算队列时延，并根据队列时延的变化判断链路有无空余带宽，并调节 cwnd。HighSpeed 在高 BDP 链路下 cwnd 增加系数非常大，减少系数非常小，造成 HighSpeed 检测到拥塞只是小幅度降低 cwnd，恢复时迅速增大 cwnd 导致再次触发拥塞，循环往复。因此，从图 6.4 和图 6.5 可以看到，HighSpeed 的吞吐率和 cwnd 频繁振荡。Westwood 在拥塞事件发生后，只会根据估计的带宽调节 ssthresh，它的 cwnd 仍然需要重新开始线性增加，这导致了它的吞吐率和 cwnd 恢复速度较慢。

2）往返时延和瓶颈队列

图 6.6 和图 6.7 分别给出了所有拥塞控制协议的往返时延和瓶颈队列随时间变化情况。同样，在每组图中均包含了 BBR 和 Vegas 的实验结果。可以看到，Vegas 的往返时延最小，其次是 BBR。由于 Vegas 的窗口增长较为保守，在瓶颈缓存处仅会产生较小的队列，所以往返时延是所有协议中最小的。BBR 通过数据包确认速率直接调节 pacing rate，并以 pacing rate 作为发送速率，而并非直接用估计的 cwnd 值更新速率，所以不会短时间内有大量包进入网络，保证队列不会显著增加。

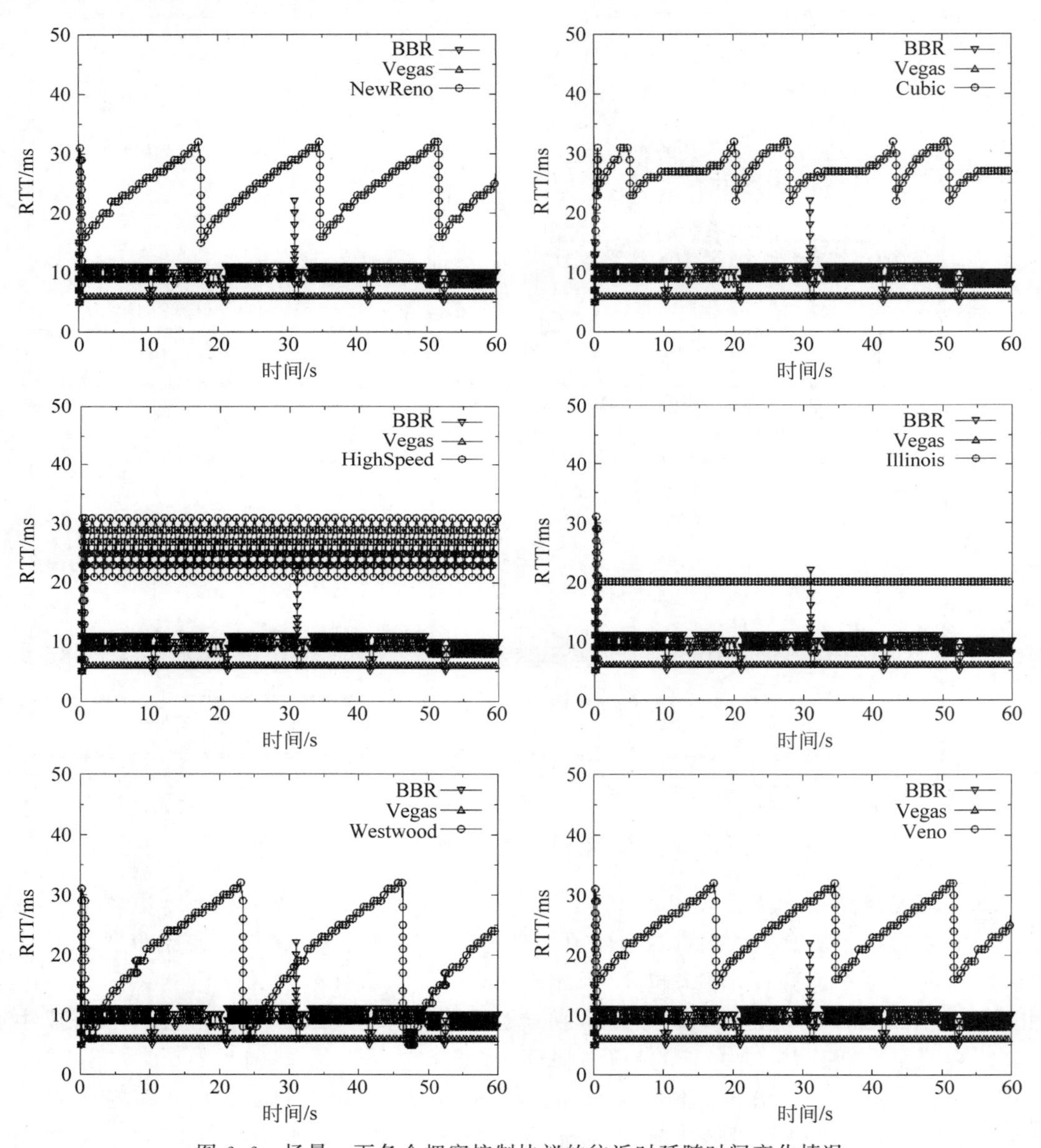

图 6.6　场景一下各个拥塞控制协议的往返时延随时间变化情况

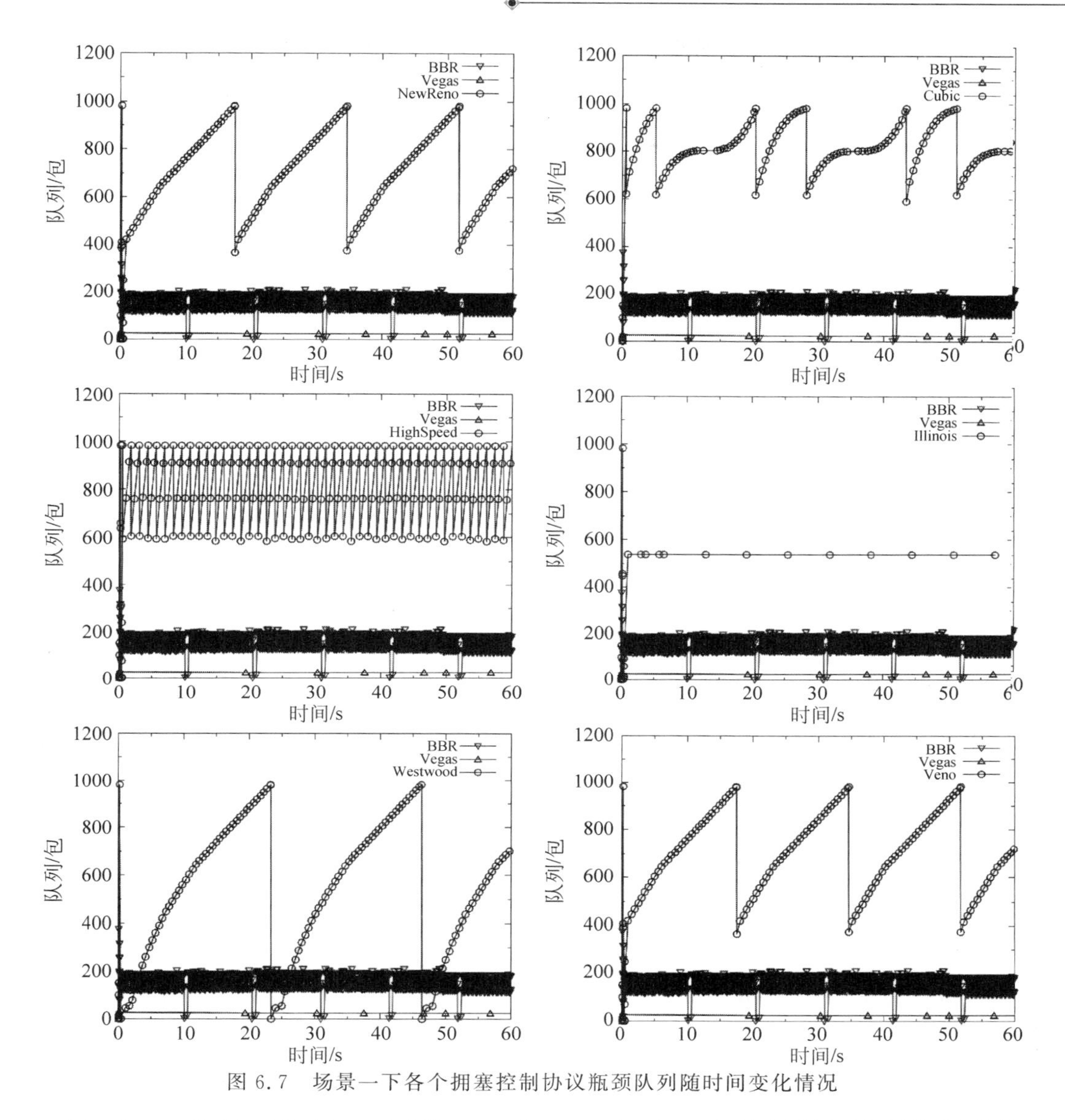

图 6.7 场景一下各个拥塞控制协议瓶颈队列随时间变化情况

NewReno、Cubic、HighSpeed、Illinois、Westwood、Veno 的往返时延和瓶颈队列都较大。在开始阶段，所有协议基本上都激进地向网络发送数据，以尽快提升吞吐率。但是，采用基于丢包机制的协议只能通过占满缓存的方式检测拥塞，导致队列时延非常大，往返时延也就随之变大。在后续传输阶段，各个协议的激进程度不同，导致有些快速填满缓存，有些则较慢，其本质仍是不丢包就继续向网络发送更多的数据包。这也是基于丢包机制的协议缓存队列较大、往返时延较高的原因。Illinois 在拥塞后加入了时延的调节，使得 cwnd 稳定在 ssthresh 附近，但这个值仍然偏高，因此往返时延和瓶颈队列也较大。

综上所述，在场景一中 BBR 具有较高吞吐率，同时往返时延也较低，可以推断其拥塞控制时间点在所有典型的拥塞控制协议中最接近 Kleinrock 点。Vegas 虽然往返时延非常低，但是吞吐率也非常小，因此其远未达到 Kleinrock 点就采取了拥塞控制。基于丢包的协议通常是在链路极度拥塞时才采取拥塞控制，此时虽具有极高的吞吐率，但往返时延也极大，因此其拥塞控制时机远超过了 Kleinrock 点。Illinois 虽然也采用了基于丢包的机制，但是在拥塞后，会采用时延来调节 cwnd，因此其相比 NewReno 等协议的拥塞控制时机更接近 Kleinrock 点，但整体性能低于 BBR。

2. 场景二(遮挡场景)下的适应性分析

在遮挡场景下，用户和基站进行非视距通信，两者之间的信号可能经过多次反射，因此场景二相比场景一下的干扰噪声更大，数据在传输过程中，可能出现轻微的丢包。

1）吞吐率和拥塞窗口

图 6.8 和图 6.9 分别给出了所有典型拥塞控制协议的吞吐率和拥塞窗口随时间变化情况。可以看出，由于 Vegas 对时延的变化敏感性极高，随着噪声变大，在 10s 附近，当检测到时延超过阈值时，Vegas 就将 cwnd 减少，进而吞吐率也随着减少。BBR 不采用基于丢包的机制，

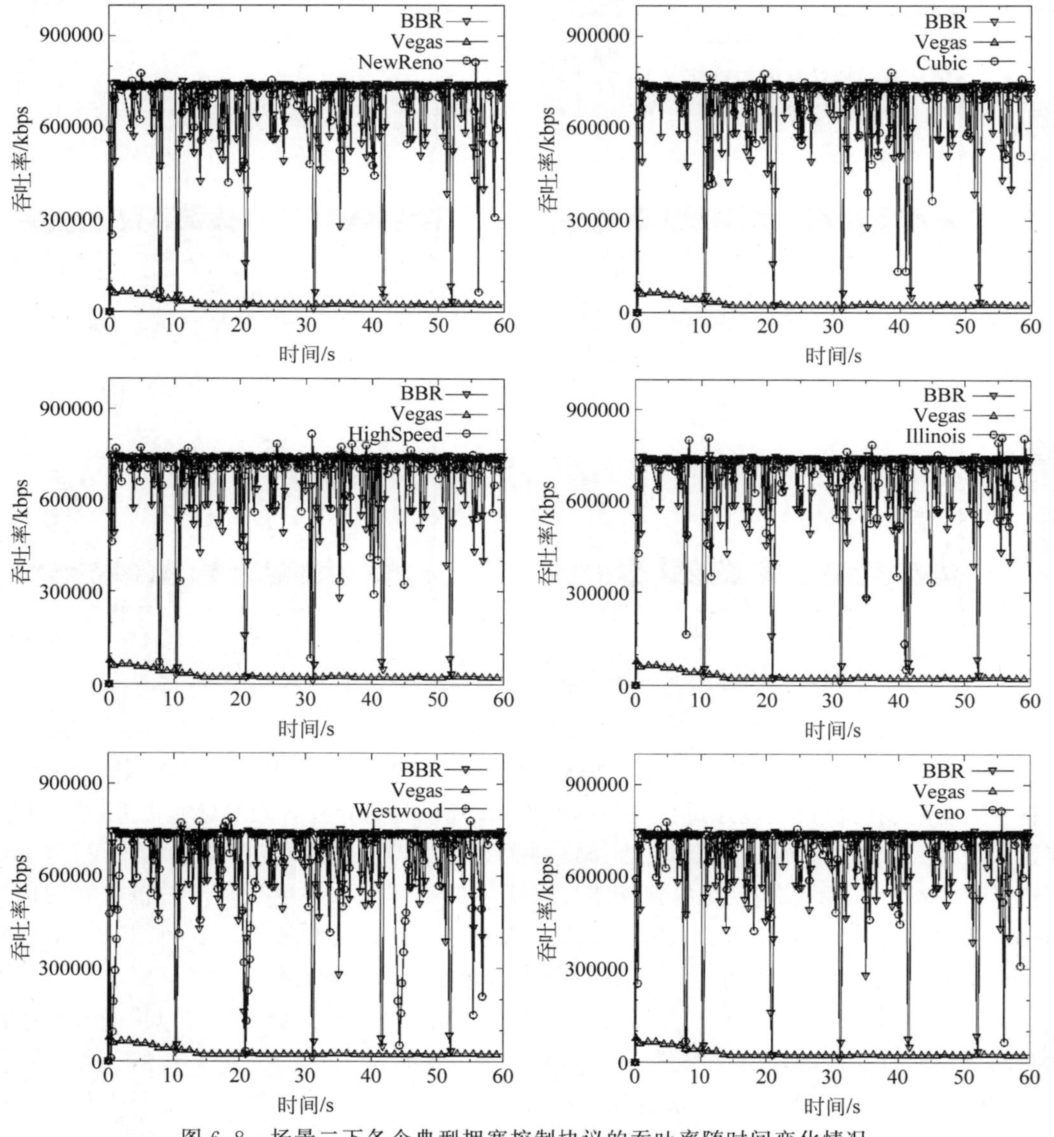

图 6.8 场景二下各个典型拥塞控制协议的吞吐率随时间变化情况

采用最近10次往返时延的最小值和数据包确认速率的最大值的乘积调节cwnd,因此个别的丢包和短时间内的时延波动几乎不会对cwnd造成影响。所以这两个协议在场景二中的吞吐率与场景一中变化不大。但是,5G网络本身带宽的波动依然会导致吞吐率的波动。

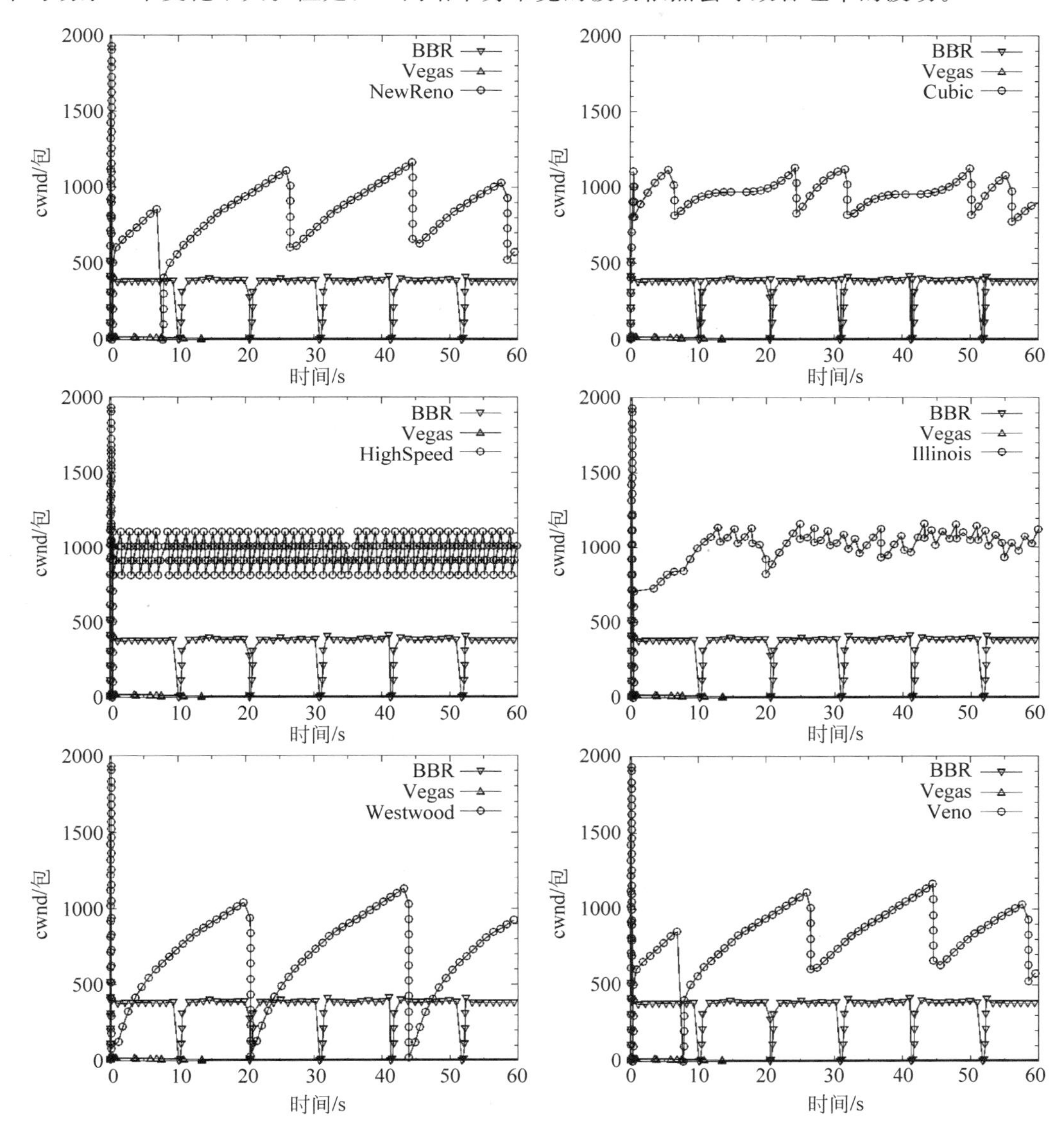

图6.9 场景二下各个典型拥塞控制协议的拥塞窗口随时间变化情况

从图6.9可以看出,除了Vegas和BBR以外,所有协议都经历了丢包触发的窗口减小行为。NewReno和Veno的cwnd值在8s附近降为2×SMSS后重新开始增加,也就是出现了超时重传。在场景二中由于5G信号出现抖动,但仍然保持较高的带宽,协议在探测带宽的过程中极易产生丢包,丢包时的窗口可能已经增加到一个较高的值,而NewReno和Veno将拥塞窗口降低一半,此时亟须重发进行恢复的分组较多,而NewReno和Veno只能保持较低的发送速率,最终造成超时重传。Cubic和HighSpeed是针对高BDP网络进行设计的,为了避免产生超时重传,将窗口的减少系数降低,因此能较快恢复吞吐率。Westwood

在第一次丢包后使用带宽估计的方法调整 cwnd，以适应信道的变化，从图 6.9 可以看出，后面的 cwnd 减少并不是由于丢包造成的，而是 Westwood 主动减少 cwnd，但出现了剧烈起伏的情况，说明其带宽估计算法并不能很好地适应 5G 网络中的带宽变化。Illinois 在开始阶段触发拥塞事件后，通过时延估计链路是否有空余带宽，并调节 cwnd，虽然没有再次出现丢包，但是此场景下的链路不稳定，时延变化也不确定，导致 Illinois 对链路空余带宽判别出现误差，因此其 cwnd 呈现不规则变化，吞吐率抖动较明显。

2）往返时延和瓶颈队列

图 6.10 和图 6.11 分别给出了在场景二下典型拥塞控制协议的往返时延和瓶颈队列随时间变化情况。从图 6.10 可以看到，Vegas 的往返时延在 10s 附近突然升高，但是瓶颈队列并没有增加。因此，Vegas 因链路本身的时延变化导致了其减少 cwnd 和吞吐率。BBR

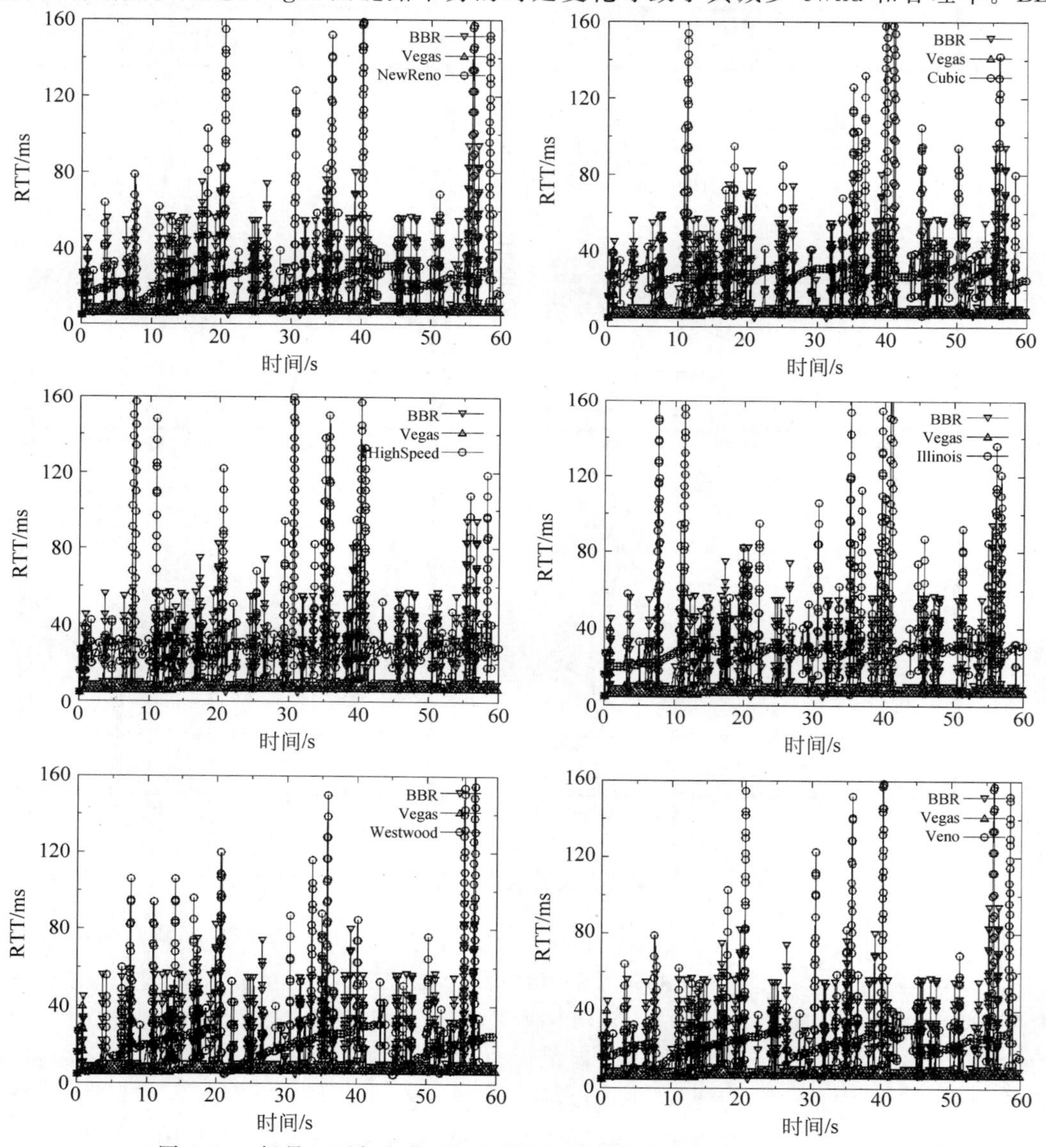

图 6.10 场景二下各个典型拥塞控制协议的往返时延随时间变化情况

使用最近10次数据包确认速率最大值和往返时延最小值得到当前链路瓶颈BDP的估计值,但是非视距传输的波动造成链路实际的BDP频繁变化,因此估计值会比实际值偏大,导致场景二下的瓶颈队列比场景一高,往返时延也相应增大。

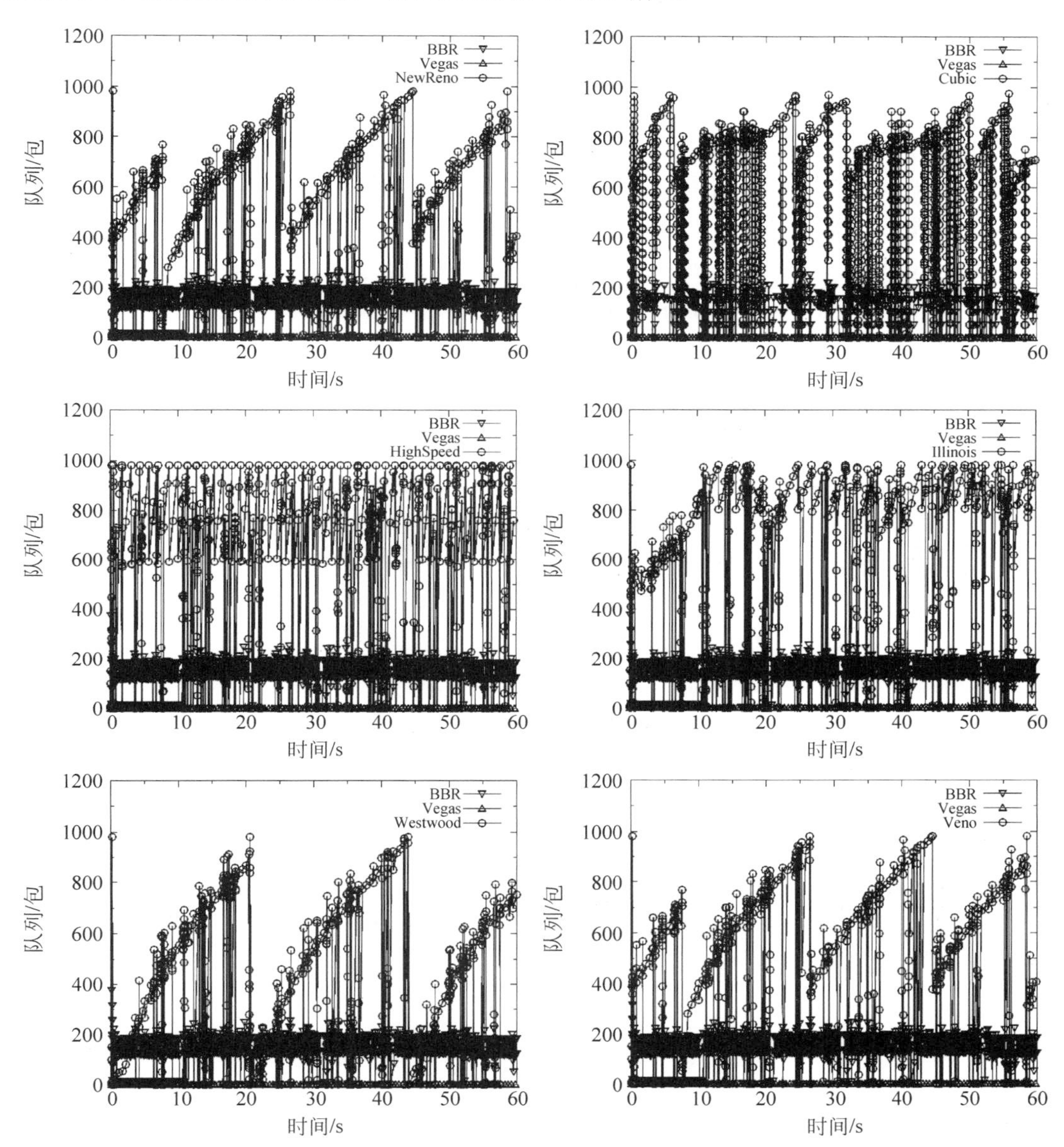

图6.11 场景二下各个典型拥塞控制协议的瓶颈队列随时间变化情况

采用基于丢包机制的协议不可避免地都会试图挤满瓶颈缓存,如图6.10所示,NewReno、Cubic、HighSpeed、Illinois、Westwood、Veno的某些数据包呈现出了极高的往返时延。HighSpeed作为其中最激进的,往返时延更高。

综上所述,在场景二中,BBR的综合性能仍是最优的,但是遮挡场景下干扰噪声增加,使得BBR的瓶颈BDP估计值和实际链路BDP之间出现了不匹配的问题。噪声干扰以及5G网络自身时延的波动也使Vegas对队列时延的估计不准确,造成cwnd下降,吞吐率降低。场景二中采用基于丢包机制的协议在传输数据包时仍然会导致非常高的时延。

3. 场景三(移动场景)下的适应性分析

在移动场景中,用户设备从距离基站150m处以5m/s的速度匀速靠近基站之后远离,因此用户和基站之间的信号质量随距离变化发生动态改变。从图6.3可以看出,随着用户的移动,信噪比随时间的变化曲线大致分成了三个阶段,0～20s时用户向基站移动,由远及近,因此信噪比逐渐增加;20～40s时用户移动到了距离基站较近的地方,因此信噪比达到最高;40～60s时用户开始向远离基站的方向移动,因此信噪比逐渐降低。这一部分仍然根据吞吐率、往返时延等参数研究典型拥塞控制协议在5G网络高动态场景下的适应性。

1) 吞吐率和拥塞窗口

图6.12和图6.13分别给出了所有拥塞控制协议的吞吐率和拥塞窗口随时间变化情况。可以看出,与信噪比的变化类似,所有拥塞控制协议的吞吐率都产生了三个阶段的变

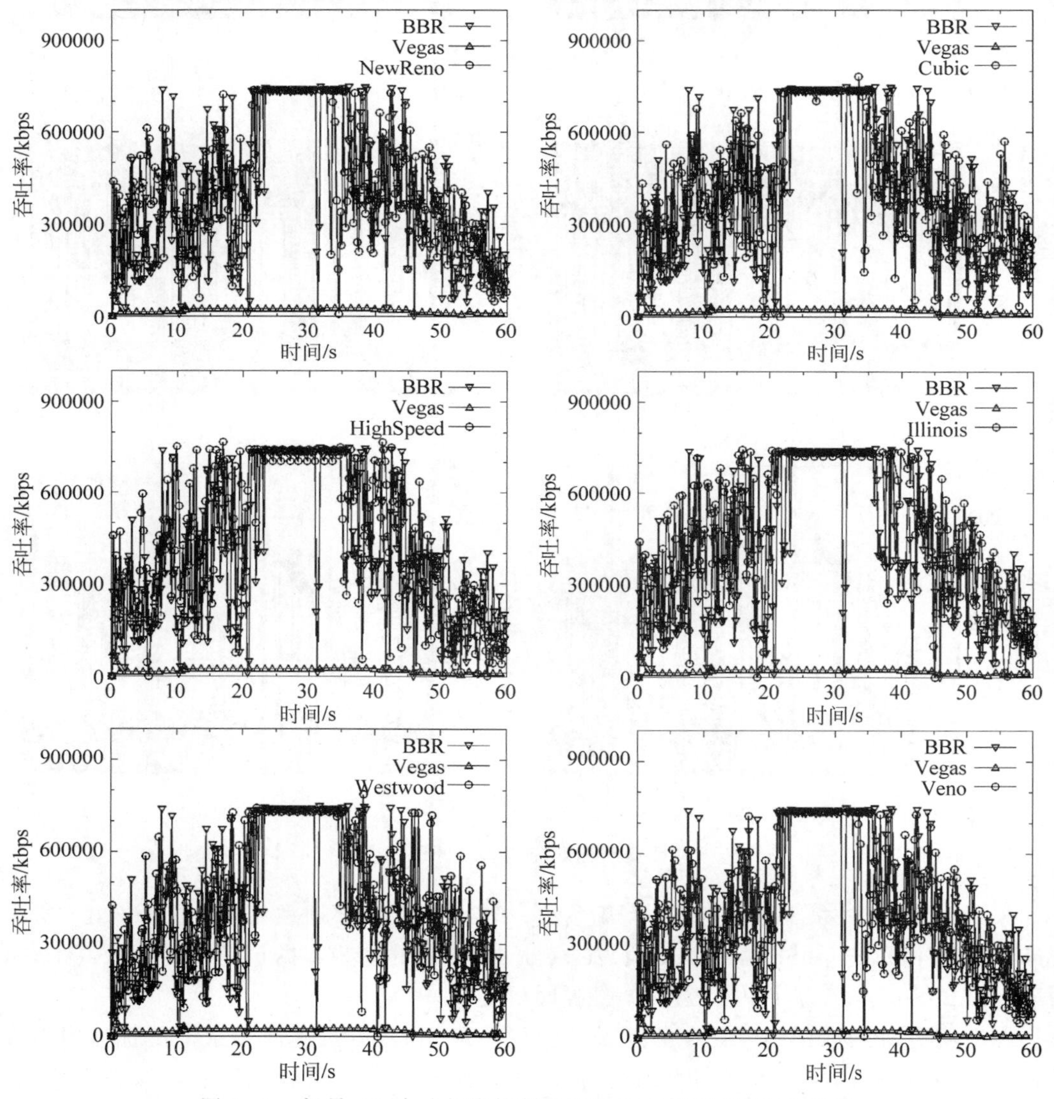

图6.12 场景三下各个拥塞控制协议的吞吐率随时间变化情况

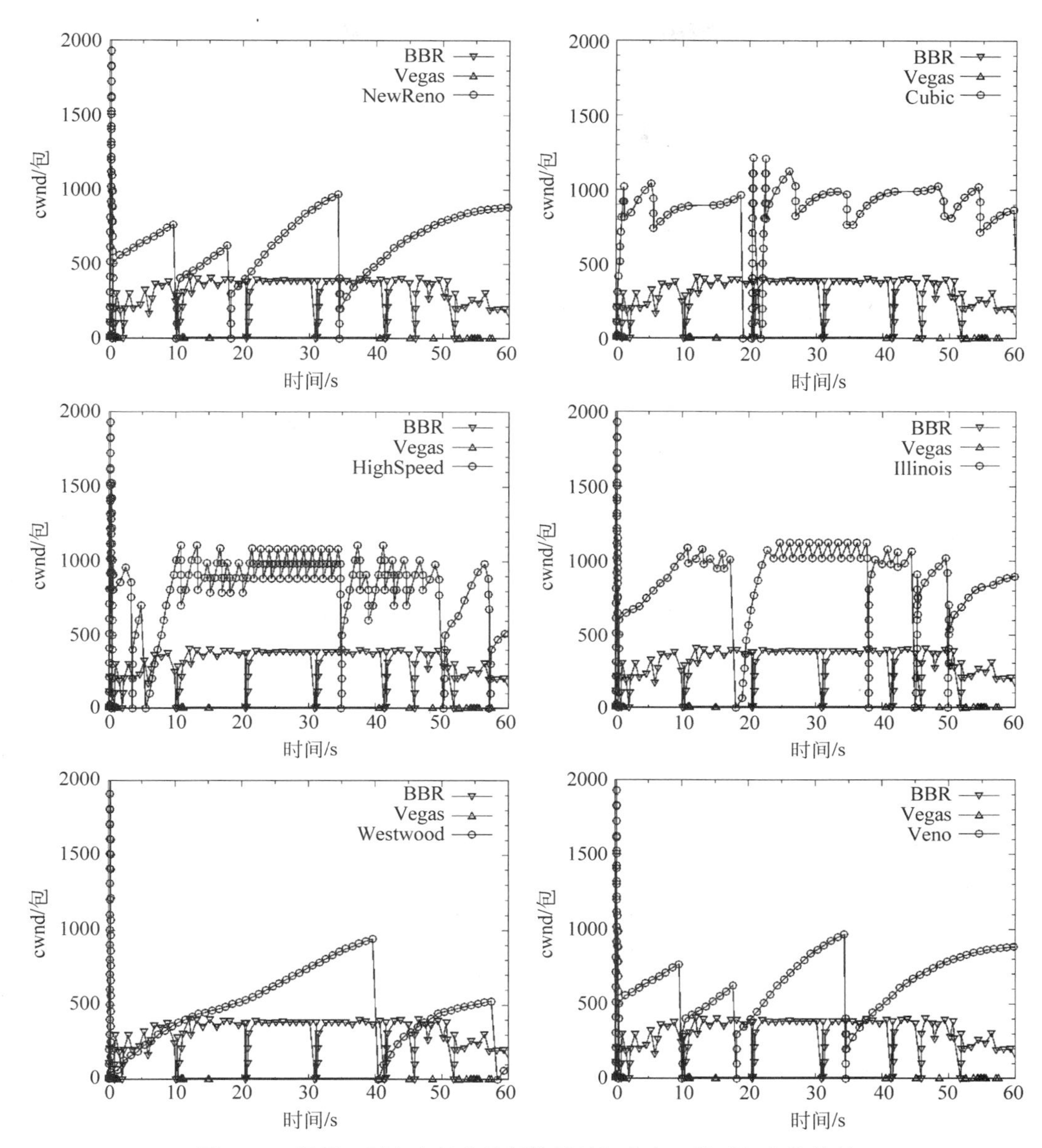

图 6.13　场景三下各个拥塞控制协议的拥塞窗口随时间变化情况

化。为了更直观地显示各个协议在信噪比动态变化下的吞吐率性能，图 6.14 按三个阶段分别给出协议的平均吞吐率，其中阶段 A 为 0～20s，阶段 B 为 20～40s，阶段 C 为 40～60s。可以看到，由于移动引起的信号质量波动导致吞吐率产生明显变化。相比前两个场景，移动场景下 5G 网络本身的信号更加不稳定，导致往返时延波动极大。Vegas 采用较为保守的窗口策略，同时基于队列时延感知拥塞，在动态场景下时延估计容易出现较大误差，这导致 Vegas 误认为网络中的队列正在形成而减少拥塞窗口，降低吞吐率，因此 Vegas 在三个阶段中的平均吞吐率仍然是所有协议中最低的。从图 6.13 来看，BBR 的 cwnd 变化趋势接近于图 6.3 中 SINR 的变化，但是在图 6.12 中显示 BBR 吞吐率变化非常剧烈，且从图 6.14 中可以看到，BBR 在三个阶段中的平均吞吐率并不是最高，即使在信号质量较好的第二阶段，

BBR 的吞吐率也低于 Illinois 和 HighSpeed。这说明，BBR 在稳定阶段按(5/4,3/4,1,1,1,1,1,1)固定的增益系数周期性地调节 pacing rate，虽能检测到可用带宽，但是缺乏对信号变化引起的带宽变化的合理估计，在信号动态变化时并不能及时探测到带宽的变化，因此不仅没有提高吞吐率，反而加剧了吞吐率的波动。同时，BBR 对于拥塞的感知较为保守，当带宽减小、缓存队列增加时，它并不能马上降低速率，造成拥塞丢包。

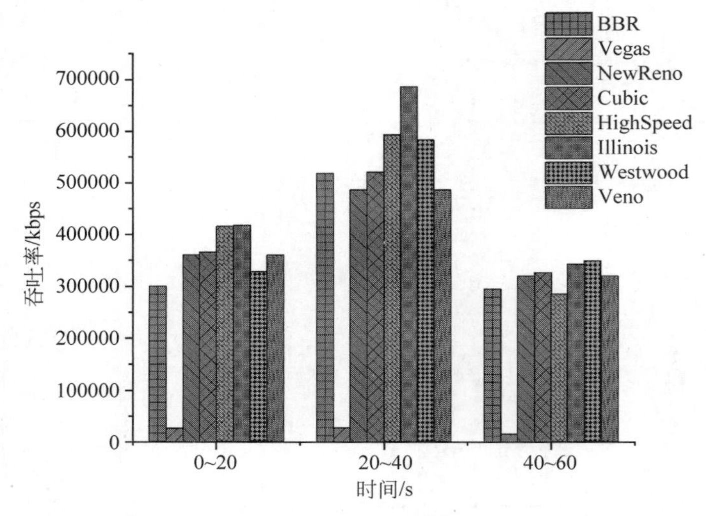

图 6.14 场景三下各个拥塞控制协议三个阶段下的平均吞吐率

基于丢包机制的协议缺乏对链路带宽的合理估计，只要没有触发拥塞事件，就尽力增加 cwnd，但是这种发送大量数据包到网络中排队等待的方式，将会导致拥塞事件触发频率增加。此类协议通常能够激进地增加 cwnd，从图 6.12 中可以看到，越激进的协议吞吐率的波动越大。当然，这也确保网络中一直有数据发送，平均吞吐率较大。Illinois 采用基于丢包和基于时延混合的拥塞控制机制，基于丢包的激进的 cwnd 增加可以让其吞吐率占据优势，而基于时延的部分可以在信号发生变化时，利用时延变化感知带宽的变化，因此 Illinois 的平均吞吐率在所有协议中是最高的。Westwood 在拥塞事件被触发后，采用估计的带宽调整 ssthresh，cwnd 再从 ssthresh 开始线性增加。从图 6.12 中可以看到，相比 HighSpeed 等协议，Westwood 吞吐率波动更小。Veno 的拥塞判别机制似乎并没起到多大作用，其行为与 NewReno 极为相似。NewReno、Cubic、HighSpeed 则根据 cwnd 调整策略的激进程度不同，导致拥塞事件触发频率不同，其他行为并无不同。

2) 往返时延

图 6.15 给出了典型拥塞控制协议的往返时延变化情况，其中的每个数据点是每 2s 内接收到的所有 ACK 的往返时延的平均值。可以明显看到，在逐渐靠近基站的过程中，各个协议的往返时延虽有波动，但总体呈现下降的趋势，在远离基站的过程中，各个协议的往返时延波动开始明显变大，总体呈现上升的趋势。Vegas 采取固定的阈值限定时延的增加，因此具有极低的往返时延，并且变化幅度也极小。BBR 采用最近 10 个数据包的最大确认速率和最小往返时延估计链路瓶颈 BDP，5G 移动场景下信道波动极易导致实际 BDP 小于 BBR 的估计值，造成数据包在网络中堆积，往返时延变大。基于丢包的拥塞控制协议的往返时延起伏明显，当数据包逐渐堆积时，往返时延逐渐达到波峰，当缓存溢出时，往返时延又

回到波谷。此类协议较为激进，造成极大的队列时延，往返时延也因此非常大。

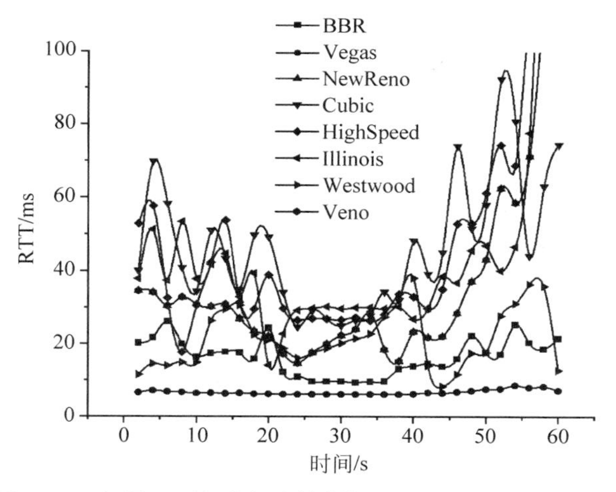

图 6.15　场景三下各个拥塞控制协议的往返时延变化情况

综上所述，在移动场景中，5G 链路的信号动态变化更加显著。BBR 的适应性不如前两个场景，由于带宽估计受到的干扰太大，BBR 并不能及时感知链路带宽的动态变化，因此吞吐率不高，但仍保持较低的往返时延。HighSpeed 和 Illinois 虽然获得了相对较好的吞吐率性能，但是往返时延并不低。其他基于丢包的协议在吞吐率和往返时延的性能上表现都不好，并不适应 5G 网络下的动态场景。

6.2.3　小结

本节对 8 个典型的拥塞控制协议在三个 5G 网络场景下进行了适应性分析。结果表明，基于丢包机制的协议会激进地向网络发送数据包直到触发拥塞事件。虽然具有较高的时延，但造成了极高的往返时延。Vegas 则是另一个极端，对时延的要求极为苛刻，一旦时延超过其设定的阈值，便会减少 cwnd，降低吞吐率。结合了两者的 Illinois 在静态和遮挡场景下，能较好地稳定传输数据，但其采取拥塞控制的时机严重偏离 Kleinrock 点，因此往返时延偏高，在移动场景下，因时延的检测误差较大，对链路空余带宽的判断不准确，cwnd 会出现较大幅度的波动，导致吞吐率的波动。Westwood 在拥塞事件后根据估计的带宽调节 ssthresh，因此其大部分处于拥塞避免阶段，使得 cwnd 呈现线性增加的变化趋势。这也使得 Westwood 没有 Cubic 等协议那么激进，能较好地控制往返时延。

在静态和遮挡场景下，BBR 具有较高吞吐率的同时，还能保持较低的往返时延，但在移动场景下，BBR 的适应性不如前两个场景，虽然仍保持较低的往返时延，但吞吐率不高，总体来看，BBR 的拥塞控制时机是所有协议中最接近 Kleinrock 点的。但是，BBR 在高动态的场景中不能充分利用网络带宽，主要原因是其采用周期增益更新窗口以及保守的拥塞感知机制。

6.3　基于 BBR 协议的改进——NewBBR

从 6.2 节的实验结果来看，BBR 协议的拥塞感知机制通过 ACK 计算平均传输速率来确定是否进行拥塞控制，即若平均传输速率连续三次不再明显增加则认为网络拥塞，进行拥塞控制。相比基于丢包和基于时延的协议，这一机制能较好地平衡往返时延和吞吐率之间的关系，实现较高的吞吐率以及较低的往返时延。但是5G具有极高的带宽容量，在进行三次检测的过程中，网络中的数据包持续增加，而进行拥塞控制时已偏离最佳的拥塞控制时机，此时网络可能已严重拥塞，造成大量丢包，进而降低协议整体的吞吐率。本节首先详细分析了BBR协议中的拥塞感知机制，并针对BBR协议拥塞感知较慢的问题，提出了NewBBR协议，该协议使用快速拥塞感知算法以改进BBR的拥塞探测机制。

6.3.1 BBR协议拥塞感知机制分析

本节详细分析BBR协议中的拥塞感知机制。BBR认为基于丢包的机制总是发送超过端到端链路BDP的数据包到网络中，直到链路瓶颈处的缓存空间溢出，发送方才能感知到网络拥塞，并且这种机制使得往返时延急剧变大。如图6.16所示，基于丢包机制的协议往往在inflight（发送方已发送但未受到确认的数据包数量）等于BDP＋BufSize时才检测到拥塞。

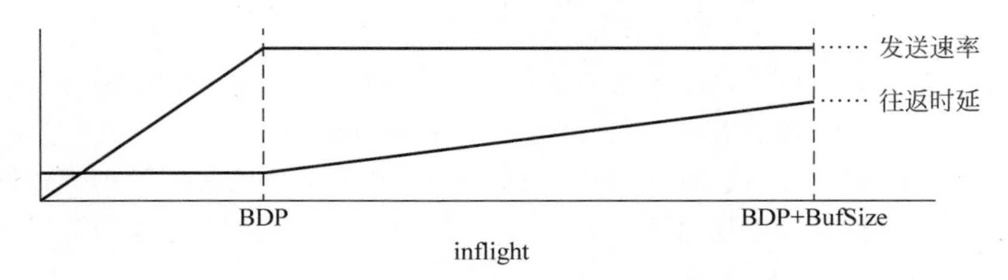

图6.16 BBR中发送速率和往返时延随着inflight的变化情况

BBR认为inflight刚好等于BDP时采取拥塞控制的时机是最好的，此时吞吐率最高，往返时延最小，即Kleinrock点。但是在实际的网络中，这个最优点并不容易确定，BBR根据ACK计算平均传输速率来判断网络拥塞，寻找最佳的Kleinrock点的具体方法如下：

(1) 发送方每当收到一个有效的ACK数据包，则按式(6.1)计算当前平均传输速率delivery_rate。

$$\text{delivery\_rate} = \frac{\text{delivered} - \text{packet.delivered}}{\text{now} - \text{packet.delivered\_time}} \tag{6.1}$$

式中，delivered表示接收方成功接收到的数据包数量，每当收到有效ACK则加上ACK确认的数据包数量；packet.delivered表示发送ACK确认的数据包时delivered的值；now表示当前收到ACK的时间；packet.delivered_time表示ACK确认的数据包的发送时间戳。

(2) 记录下最近10次计算的delivery_rate，得到这10个值中的最大值maxBw。若maxBw＞fullBw×1.25，则重新计数，并赋值fullBw＝maxBw。

(3) 若maxBw连续三次带宽增加量不高于fullBw值的25%，则认为网络已达到满带宽，开始拥塞控制。

BBR的上述拥塞感知机制需要经过至少3轮的数据传输才能确定网络拥塞状态，在稳定的网络中，这样的探测机制可以较为可靠、准确地接近网络的实际状态，获得较好的拥塞控制操作点。但在像5G网络这样动态性较高的网络中，一些偶然的环境改变都会影响ACK的到达速率，此时BBR的拥塞感知机制就显得不够敏感，从而导致拥塞控制的实际操作点晚于最优操作点，造成网络中的数据包过量，队列急剧增加。

6.3.2 快速拥塞感知算法

针对 BBR 协议中拥塞感知较慢的问题，本节提出一个新的快速拥塞感知算法，利用往返时延和数据包达到速率的变化率探测拥塞点，当探测到接近拥塞点时，NewBBR 进入排空阶段，有效控制队列的增长。

图 6.17 为网络往返时延和网络利用率的关系示意图。数据传输过程中，当网络中的数据包(inflight)较少时，缓存队列较小，因此 RTT 较小，为探测网络可用带宽，发送方传输速率逐渐增加，网络中的数据包开始增加，缓存队列也在增加，同时 RTT 也逐渐增大。当到达拐点 P 时缓存中的队列已经较大，带宽利用率达到饱和，此时如果不进行拥塞控制，稳定传输速率，就将进入拐点之后的阶段，也就是随着 inflight 的增加，缓存队列快速增加，从而 RTT 急剧增加，最终导致缓存溢出。

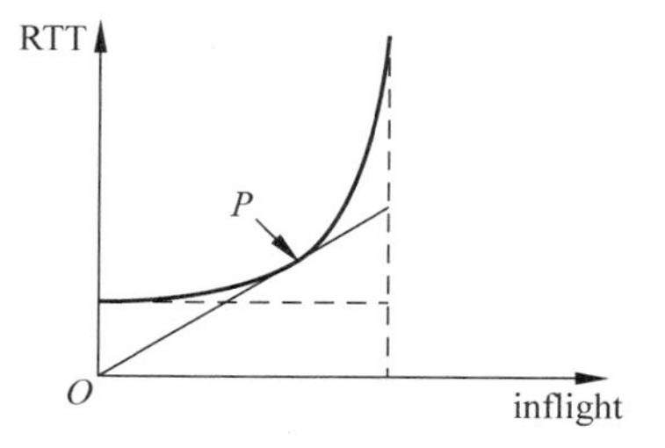

图 6.17 RTT 与 inflight 实际的变化情况

如果能够在图 6.17 的拐点 P 之前控制发送速率，就能缓解拥塞。不难看出，图中连接原点和拐点的直线是这条曲线的切线，利用这条直线的斜率可以判断拐点的大致位置，因此本节利用往返时延和数据包平均传输速率的变化率探测拥塞点。使用 t 表示往返时延 RTT，w 表示 inflight，且两者的关系用式(6.2)表示。

$$t=f(w) \tag{6.2}$$

Kleinrock 点的目标是以相对小的往返时延发送相对多的数据，即以尽可能小的 t 值达到尽可能大的 w 值。从图 6.17 可知，随着 inflight 的逐渐增大，RTT 增加的速率越来越快。因此，令 E 表示当前链路状态接近 Kleinrock 点的程度，用式(6.3)表示。

$$E=\frac{w}{t}=\frac{w}{f(w)} \tag{6.3}$$

初始时，w 的增加速度大于 t 的增加速度。越过 Kleinrock 点后，t 的增加速度大于 w 的增加速度。因此 E 在 Kleinrock 点存在极大值，对式(6.3)求导可得

$$E'=\frac{w\times\frac{\mathrm{d}f(w)}{\mathrm{d}w}-f(w)}{f^2(w)} \tag{6.4}$$

令 $E'=0$，可得

$$f(w)=w\times\frac{\mathrm{d}f(w)}{\mathrm{d}w} \tag{6.5}$$

移项可得

$$\frac{f(w)}{w}=\frac{\mathrm{d}f(w)}{\mathrm{d}w} \tag{6.6}$$

式(6.6)的左边表示的是连接曲线 $f(w)$ 上的一点到原点所构成的直线的斜率，右边则表示的是曲线 $f(w)$ 在某一点的切线的斜率。因此，这说明了当曲线 $f(w)$ 上的一点 K 到原点所构成的直线的斜率等于该点的切线斜率时，E 存在极大值，如图 6.17 中 P 点

所示。

将快速拥塞感知算法在 BBR 中实现得到 NewBBR 协议，流程框架见图 6.18，该协议的步骤如下。

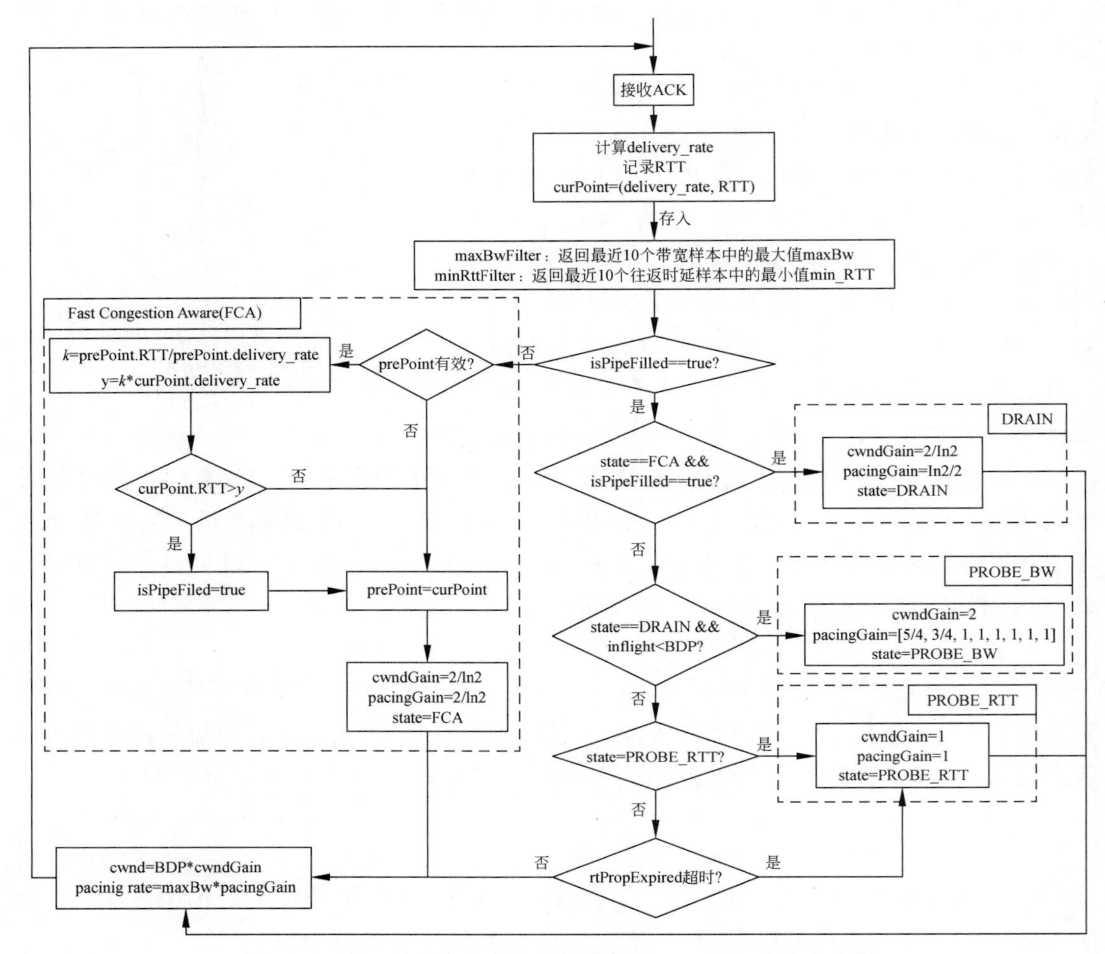

图 6.18 基于快速拥塞感知算法的完整 NewBBR 协议流程图

步骤 1：当收到一个有效的 ACK 数据包时，发送方按式(6.1)计算平均传输速率 delivery_rate，记下当前的速率-时延轨迹点 curPoint=(delivery_rate，RTT)。

步骤 2：根据拥塞标记 isPipeFilled 判断链路可用带宽是否被充分利用。若 isPipeFilled 为真，则进入排空阶段 DRAIN，按照 BBR 本来的算法流程进行；否则，进入快速拥塞感知算法，即步骤 3。

步骤 3：判断前一个轨迹点 prePoint 是否有效，即轨迹点中的 delivery_rate 或 RTT 是否为 0，若至少一项为 0，说明 prePoint 无效，则跳转步骤 6；否则进入步骤 4。

步骤 4：计算前一个轨迹点和原点构成的直线斜率 $k=$(prePoint. rtt)/(prePoint. delivery_rate)，并得到当前轨迹点的 delivery_rate 在斜率 k 下对应的往返时延 $RTT_k=k*$curPoint. delivery_rate。

步骤 5：判断当前轨迹点的往返时延 curPoint.rtt 是否大于或等于 RTT_k，是，则设置拥塞标记 isPipeFilled=true；否，则转步骤 6。

步骤 6：更新 prePoint=curPoint，设置 cwnd 增益值和 pacing rate 增益值。

步骤 7：根据增益值更新 cwnd 和 pacing rate，返回步骤 1，等待接收下一个 ACK。

6.3.3 NewBBR 协议仿真实验结果

本节对改进后的 NewBBR 协议在三个 5G 网络典型场景下的性能进行了测试，仿真环境和参数配置与 6.2 节中所描述的相同。通过往返时延和吞吐率对比了 NewBBR 和 BBR 之间的性能。

1. 场景一(静态)和场景二(遮挡)

图 6.19 给出了 NewBBR 和 BBR 在场景一(静态)和场景二(遮挡)两个场景下运行 60s 的平均吞吐率对比。从图中可见，在静态场景下两者均能达到较高的吞吐率，在遮挡场景下 NewBBR 的吞吐率性能稍弱于 BBR，其吞吐率比 BBR 低 3%。这是因为，静态场景下信号质量较为稳定，拥塞状态变化是循序渐进，很少产生突变，所以两种拥塞感知机制都能取得较好的效果。但是在遮挡场景下，信号抖动较静态场景明显，信噪比较静态场景要低一些。此时，NewBBR 比 BBR 对于拥塞更加敏感，因此当信号抖动时，NewBBR 比 BBR 更早采用拥塞控制，控制拥塞窗口的增长，从图 6.20 场景二的 cwnd 变化可以看出，NewBBR 的拥塞窗口比 BBR 稍小，因此 NewBBR 的平均吞吐率略低于 BBR。图 6.21 和图 6.22 则分别给出了两个协议在静态和遮挡场景下往返时延的变化。可以看出两个协议的往返时延变化的趋势相似。在静态场景中，BBR 在开始阶段以激进的方式探测带宽，由于拥塞控制操作晚于最优点，因此产生丢包，cwnd 减半，所以开始阶段 BBR 的往返时延比 NewBBR 略低。而 NewBBR 的拥塞感知较快，拥塞控制的操作略早于最优点，因此在丢包前进行了窗口控制，降低了发送速率，当两个协议进入稳定态进行传输后，时延的变化完全一致。在遮挡场景下，信号有一定的抖动性，因此两个协议都在动态调整发送速率，造成往返时延抖动较大。

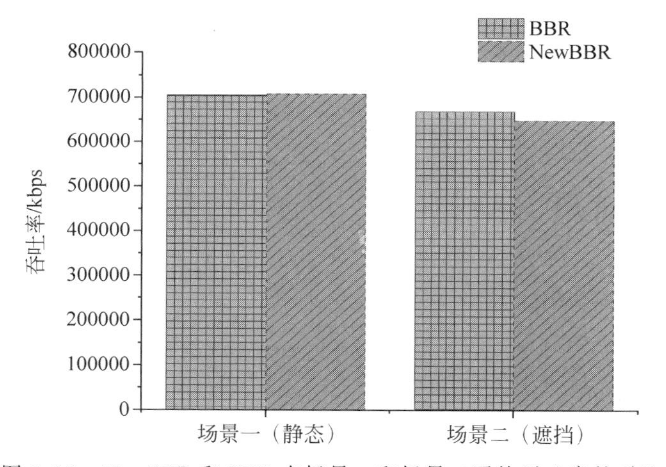

图 6.19 NewBBR 和 BBR 在场景一和场景二平均吞吐率的对比

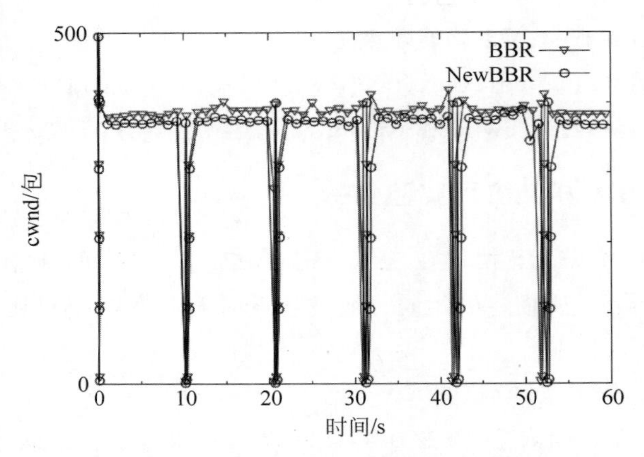

图 6.20 NewBBR 和 BBR 在场景二的拥塞窗口变化

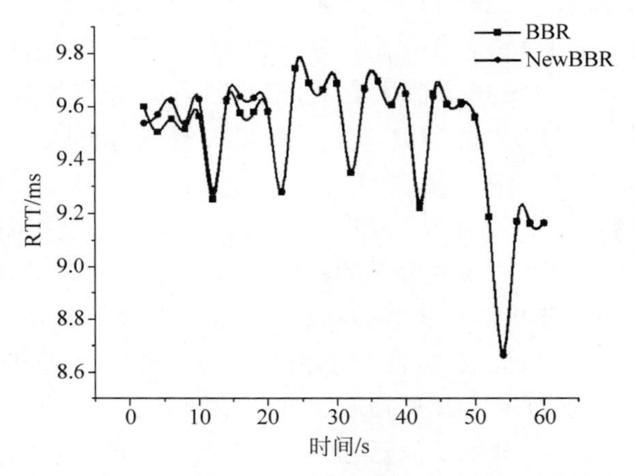

图 6.21 NewBBR 和 BBR 在场景一往返时延变化情况

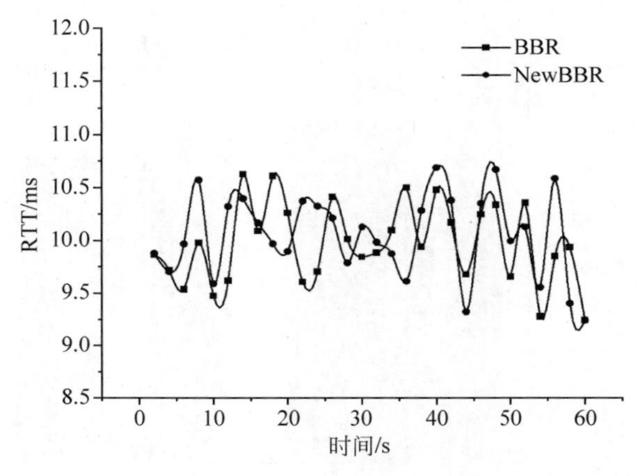

图 6.22 NewBBR 和 BBR 在场景二往返时延变化情况

2. 场景三(移动)

图 6.23 和图 6.24 分别给出了 NewBBR 和 BBR 在移动场景下平均吞吐率和拥塞窗口的变化情况,同时为了直观地分析不同信号变化阶段的吞吐率大小,按信号大致的变化趋势分为 0～20s、20～40s 和 40～60s。前 20s 信号逐渐变好,中间 20s 处于信号最好阶段,后 20s 信号逐渐变差。

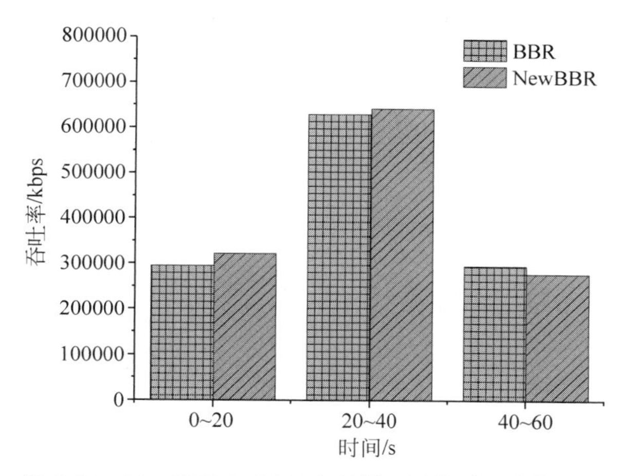

图 6.23　NewBBR 和 BBR 在场景三平均吞吐率的对比

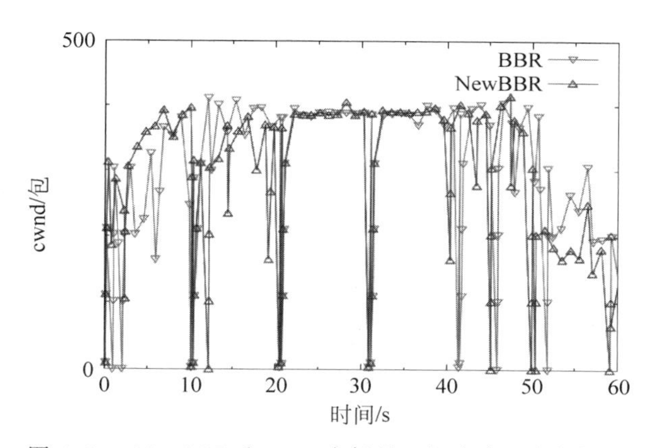

图 6.24　NewBBR 和 BBR 在场景三拥塞窗口变化情况

从图 6.23 可以看出,在第一和第二个阶段 NewBBR 的吞吐率都高于 BBR,第三个阶段略低于 BBR。从图 6.24 拥塞窗口图中可以看出,在第一阶段 BBR 通过激进的发包探测可用带宽,而其拥塞感知较慢,因此操作点滞后,导致丢包,cwnd 大大减小,重新探测带宽,而 NewBBR 的快速拥塞感知算法能够及时感知拥塞并进行窗口控制,操作点提前,所以还未检测到丢包,就进行拥塞控制,将其 cwnd 适当降低,很快探测到可用带宽,随着信号质量越来越好,NewBBR 在 3s 左右进入传输的稳态,而 BBR 到 10s 左右才进入传输的稳态。在第二个阶段,信号质量最好,因此两个协议的性能差不多。到了第三个阶段,信号质量逐渐变差,且抖动明显,此时 NewBBR 比 BBR 更敏感地探测到拥塞,控制拥塞窗口增长,即使是一次偶然的信号抖动,NewBBR 都有可能进行拥塞控制,所以随着信号质量越来越差,NewBBR 可能进行多次控制,导致在第三阶段的吞吐率要略低于 BBR。相比 BBR,

NewBBR 在第一阶段的吞吐率性能提升了 8.9%；在第二阶段也有 2%的性能提升；在第三阶段，性能下降了 5%。总体来看，NewBBR 在移动场景下的吞吐率比 BBR 提升了 5%。

图 6.25 是 NewBBR 和 BBR 在移动场景下的往返时延变化。从图中能够看出，在传输的开始阶段，NewBBR 的快速拥塞感知算法使得其能在拥塞丢包前降低传输速率，而随着信号质量变好，BBR 激进传输的分组不断增加，同时缓存的排队时延增加，因此 NewBBR 的往返时延在开始阶段比 BBR 低，进入传输的稳态之后，两个协议的往返时延变化相差不大。这三个场景的往返时延见表 6.2。

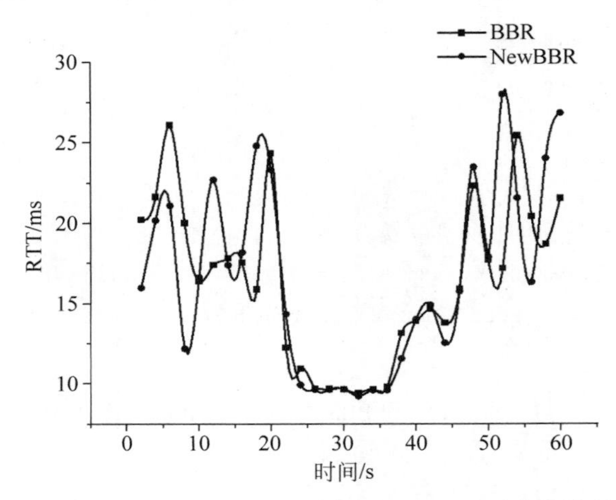

图 6.25　NewBBR 和 BBR 在场景三往返时延变化情况

表 6.2　BBR 和 NewBBR 在三个场景下的平均时延

协　议	场　景　一	场　景　二	场　景　三
BBR	9.48ms	9.96ms	14.36ms
NewBBR	9.37ms	10.09ms	14.11ms

总之在三个场景中，由于 NewBBR 采用了快速拥塞感知机制，因此 NewBBR 的吞吐率性能优于 BBR，特别是在移动场景中，而 NewBBR 的往返时延除了在遮挡场景中略高于 BBR，其他场景中均低于 BBR，这样看来，NewBBR 比 BBR 更适应于 5G 网络的数据传输。

6.3.4　小结

本节针对 BBR 协议在 5G 网络中拥塞感知较慢的问题进行研究和优化，提出快速拥塞感知算法以改进 BBR 的拥塞探测机制。实验结果表明，改进后的 NewBBR 在三个场景中总体表现出较高的吞吐率和较低的往返时延，特别是在移动场景中，其吞吐率比 BBR 提升了 5%，说明 NewBBR 比 BBR 更适用于 5G 网络中的数据传输。

6.4　基于卡尔曼滤波的动态拥塞控制协议 Kalman-BR

针对 BBR 在高动态场景下不能及时探测瓶颈带宽变化的问题，本节借鉴文献[16]中物理带宽测量的思想，基于卡尔曼滤波提出一个新的拥塞控制协议 Kalman-BR。构建端到端链路可用带宽模型，结合卡尔曼滤波提出动态带宽预测算法，准确估计网络可用带宽，及时探测带宽变化。本节使用的卡尔曼滤波算法与式(4.2)和式(4.3)相同，此处不再详细介绍。

6.4.1 端到端可用带宽模型构建

为了能够使用卡尔曼滤波算法进行带宽探测，本节构建5G网络中端到端的可用带宽模型。假设当前5G网络的理论最大传输速率为 B_{max}，受到环境噪声等干扰因素的影响所减少的传输速率为 B_{noise}，则当前5G网络的可用带宽 B_{avl} 即可表示为

$$B_{avl}=B_{max}-B_{noise} \tag{6.7}$$

假设发送端发送数据包到网络中的速率为 s，数据包在接收端被成功确认的速率为 r。则两者存在如下的关系：

(1) 当 $s\leqslant B_{max}-B_{noise}$ 时，即发送速率在当前5G网络可用带宽范围内，则网络必然不存在拥塞，确认速率 r 和发送速率 s 应该相等。

(2) 当 $s>B_{max}-B_{noise}$ 时，即发送速率超出了当前5G网络处理的速率，则网络必然产生拥塞，确认速率 r 和发送速率 s 之间的关系式如下：

$$r=\frac{s}{s+B_{noise}}*B_{max} \tag{6.8}$$

结合(1)、(2)可以得到如下表达式：

$$\frac{s}{r}=\begin{cases}1, & s\leqslant B_{max}-B_{noise}\\ \dfrac{1}{B_{max}}s+\dfrac{B_{noise}}{B_{max}}, & s>B_{max}-B_{noise}\end{cases} \tag{6.9}$$

假设相邻两个数据包离开发送端的时刻分别为 t_{s1}，t_{s2}，相邻两个数据包到达接收端的时刻分别为 t_{r1}，t_{r2}，则可以得到相邻两个数据包被发送和被确认的时间间隔分别为

$$g_k=t_{s2}-t_{s1} \tag{6.10}$$

$$g'_k=t_{r2}-t_{r1} \tag{6.11}$$

显然，数据包被确认的间隔应该大于或等于被发送的间隔，将 k 时刻两者的差值定义为 δ_k，即

$$\delta_k=g'_k-g_k\geqslant 0 \tag{6.12}$$

令发送端传输的数据包的包长为 L，则有

$$\frac{s}{r}=\frac{L/g_k}{L/g'_k}=\frac{g'_k}{g_k}=\frac{g_k+\delta_k}{g_k}=1+\frac{\delta_k}{g_k} \tag{6.13}$$

令 $\varepsilon_k=\delta_k/g_k$，则式(6.13)可表示为

$$\frac{s}{r}=\varepsilon_k+1 \tag{6.14}$$

结合式(6.9)和式(6.14)可得

$$\varepsilon_k=\begin{cases}0, & s\leqslant B_{max}-B_{noise}\\ \dfrac{1}{B_{max}}s+\dfrac{B_{noise}-B_{max}}{B_{max}}, & s>B_{max}-B_{noise}\end{cases} \tag{6.15}$$

令 $\alpha=1/B_{max}$，$\beta=(B_{noise}-B_{max})/B_{max}$ 即可得到可用带宽 $B_{avl}=-\beta/\alpha$。根据式(6.15)可以

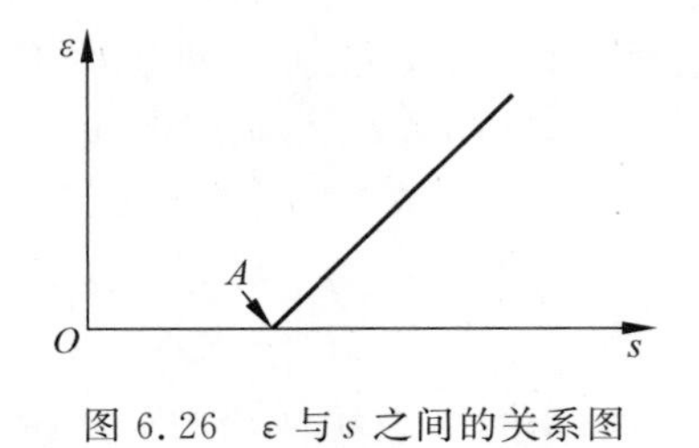

图 6.26　ε 与 s 之间的关系图

得到 ε 与 s 的关系图，如图 6.26 所示。当 $s \leqslant B_{max} - B_{noise}$ 时，发送速率未超出在当前网络可用带宽范围内，此时 $\varepsilon_k = 0$；随着发送速率 s 增加，端到端瓶颈链路开始产生队列，如图中 A 点所示，ε_k 呈线性增长。由于 ε_k 与 s 呈线性关系，因此符合卡尔曼滤波算法的使用条件。

6.4.2　基于卡尔曼滤波的动态带宽预测算法

本节根据 6.4.1 节给出的可用带宽表达式，提出基于卡尔曼滤波的动态带宽预测算法。算法估计的目标是可用带宽，因此将 6.4.1 节中可用带宽表达式 $B_{avl} = -\beta/\alpha$ 中的两个参数作为状态向量，即令状态向量 $\boldsymbol{x} = [\alpha, \beta]^{\mathrm{T}}$。系统的状态转移方程如下：

$$\boldsymbol{x}_{k+1} = \boldsymbol{x} + w \quad w \sim N(0, \boldsymbol{Q}) \tag{6.16}$$

式中，w 是符合高斯概率密度分布且方差为 0 的噪声。

由式(6.15)可以得到观测方程，如式(6.17)所示。

$$\varepsilon = v + \begin{cases} 0, & s \leqslant B_{max} - B_{noise} \\ \alpha s + \beta, & s > B_{max} - B_{noise} \end{cases} \quad v \sim N(0, \boldsymbol{R}) \tag{6.17}$$

式中，v 是符合高斯概率密度分布且方差为 0 的噪声。

从式(6.17)可以看到，当发送速率小于或等于当前链路可用带宽时，测量状态 ε 与系统状态 $\boldsymbol{x}$ 无关，无法使用卡尔曼滤波算法。因此，为了保证卡尔曼滤波算法的有效性，在得到状态向量 $\boldsymbol{x} = [\alpha, \beta]^{\mathrm{T}}$ 的估计值并计算可用带宽估计值 B_{avl} 后，对发送速率进行调整，即 $s = B_{avl} \times m$，其中 $m > 1$，确保发送速率 s 始终大于估计的可用带宽。如图 6.27 所示，随着发送速率 s 的增加，若 s 小于链路实际可用带宽 B_{avl}，经过 $s = B_{avl} \times m$ 的调整后，ε 与 s 的线性关系则会从 L_1 切换到 L_2，不断地逼近实际的关系直线；若 s 大于链路实际可用带宽 B_{avl}，则可直接应用卡尔曼滤波算法。

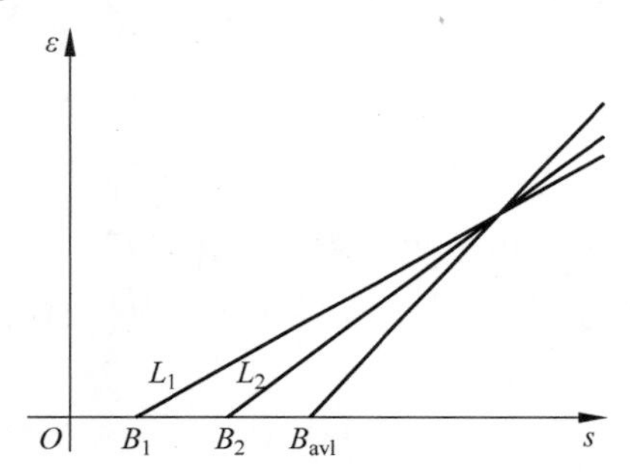

图 6.27　迭代过程中 ε 与 s 的线性关系变化

基于卡尔曼滤波的动态带宽预测算法流程图如图 6.28 所示，具体步骤如下。

步骤 1：初始化状态向量 $\boldsymbol{x}_0$、过程噪声协方差矩阵 $\boldsymbol{Q}$、测量噪声协方差矩阵 $\boldsymbol{R}$ 和初始均方误差矩阵 $\boldsymbol{P}_0$，发送数据包 p 并记录下该数据包的发送速率 s。

步骤 2：当收到数据包 p 的有效 ACK 时，发送端根据式(6.1)计算数据包 p 的 delivery_rate，并将其作为接收速率 r 的估计，更新 max_Bw；记录往返时延 RTT，并更新最低往返时延 min_RTT；记录当前的速率-时延轨迹点 curPoint=(delivery_rate,RTT)。

步骤 3：根据拥塞标志 isPipeFilled 判断是否已充分利用可用带宽。拥塞标志 isPipeFilled 为真，则将数据包 p 的发送速率 s 和接收速率 r 作为输入，进入步骤 4 卡尔曼滤波算法；否则，进入 6.3.2 节提出的快速拥塞感知算法(FCA)，确定 cwnd 增益和 pacing rate 增益，转步骤 5。

步骤 4：使用卡尔曼滤波算法得到估计后的状态向量 $\boldsymbol{x}=[\alpha,\beta]^{\mathrm{T}}$，计算可用带宽 $B_{\mathrm{avl}}=-\beta/\alpha$，确定 cwnd 增益和 pacing rate 增益。

步骤 5：发送端根据 cwnd 增益和 pacing rate 增益估算当前链路的 BDP，设置 cwnd，计算 pacing rate。发送数据包，通过 pacing rate 得到数据包发送时间间隔 timeStep，计算并记录数据包 p 的发送速率 $s=$ packet. size/timeStep，返回步骤 2，等待接收下一个 ACK。

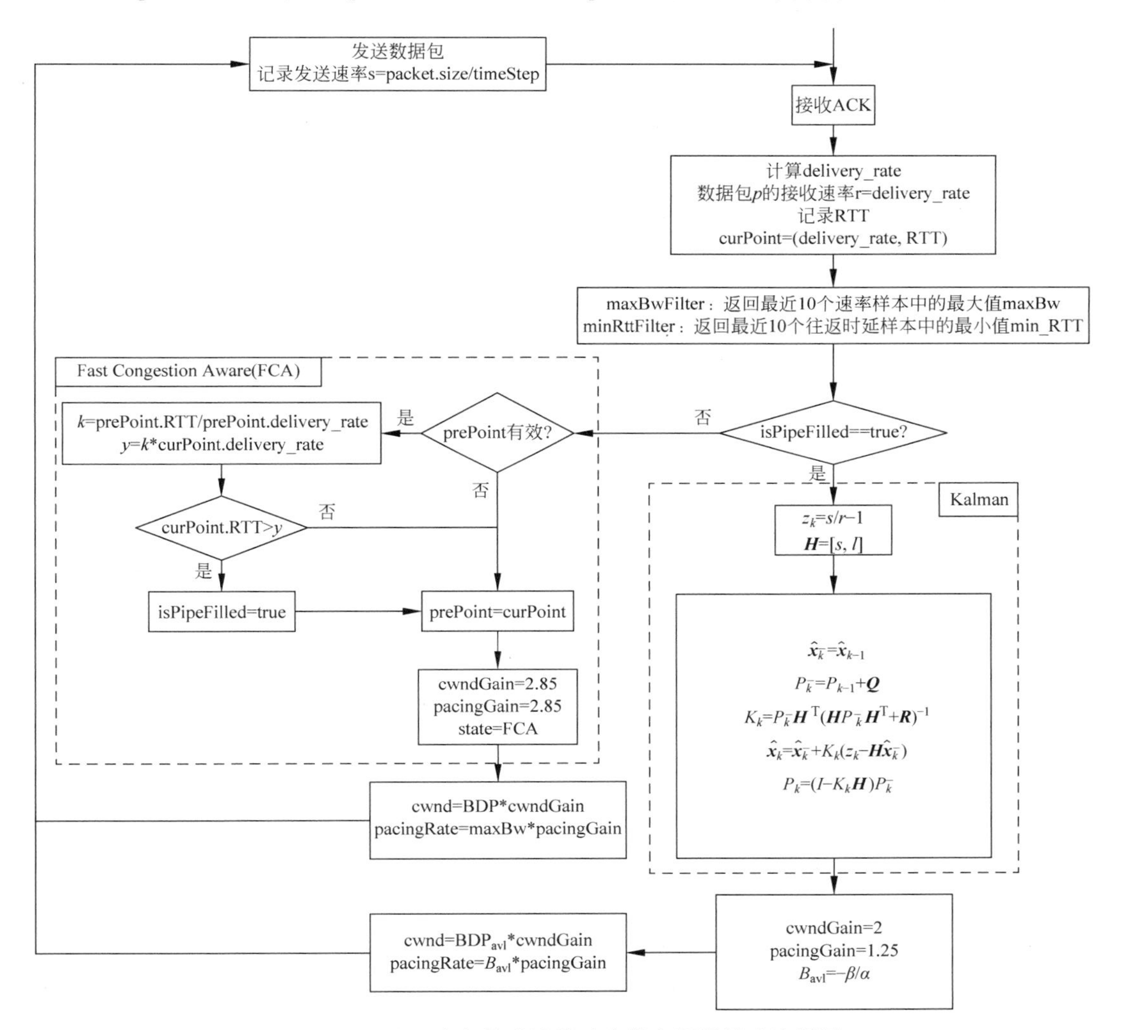

图 6.28　基于卡尔曼滤波的动态带宽预测算法流程图

6.4.3　Kalman-BR 协议仿真实验结果

本节对 Kalman-BR 协议在三个 5G 网络场景下的性能进行了测试，并与 BBR 和 NewBBR 的吞吐率和往返时延进行了比较，仿真环境和参数配置与 6.2 节所描述的完全相同。

图 6.29 给出了 Kalman-BR、BBR 和 NewBBR 在两个场景下的平均吞吐率。图 6.30 和图 6.31 分别给出了三个协议在静态场景和遮挡场景的往返时延变化情况。从图 6.29 可

以看到,Kalman-BR 在静态和遮挡场景下具有与 BBR 和 NewBBR 相近或更佳的吞吐率性能,同时往返时延也明显更低。具体来看,Kalman-BR 在静态场景下平均吞吐率比 BBR 和 NewBBR 提升了约 3%,往返时延下降了约 6%;在遮挡场景下平均吞吐率和 BBR 没有差别,但是往返时延比 BBR 下降了 5%。

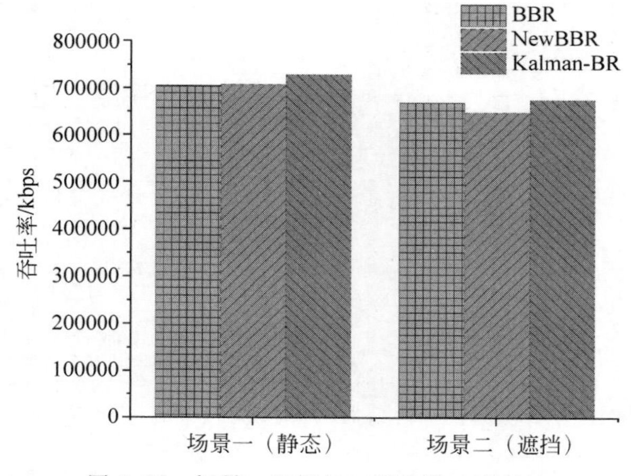

图 6.29 场景一和场景二平均吞吐率对比

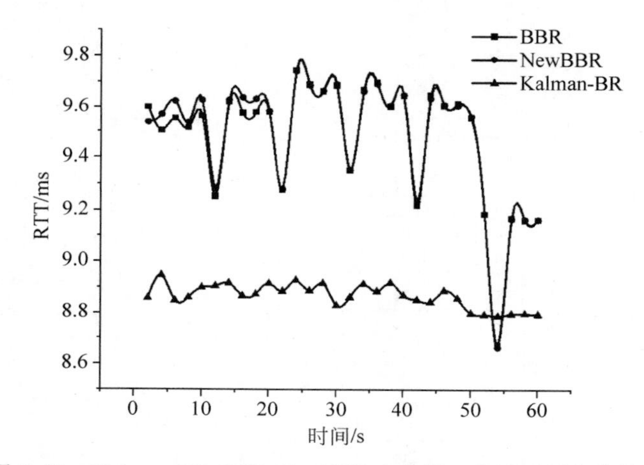

图 6.30 Kalman-BR、BBR、NewBBR 在场景一往返时延变化情况

1. 场景一(静态场景)和场景二(遮挡场景)

相比于 BBR 盲目地采用增加发送速率,然后排空队列的方式对可用带宽进行探测,Kalman-BR 采取卡尔曼滤波算法,可以逐渐向当前实际可用带宽收敛,这样的带宽探测更加合理。具体来说,当链路还存在可用带宽时,即发送速率小于实际可用带宽,发送端检测到的数据包确认速率应约等于发送速率,滤波后的结果与实际采样值比较接近。但是,Kalman-BR 每次收到 ACK 都能以 1.25 倍更新 cwnd 和 pacing rate,相比 BBR 以 8 个数值周期 1.25 倍更新一次而言,能更快地提升发送速率;当链路已经形成了队列时,即发送速率大于实际可用带宽,卡尔曼滤波算法可以充分利用最小均方误差进行带宽估计,逐步收敛到实际可用带宽,相比盲目探测会有更少的丢包,从而保证一定的吞吐率性能。

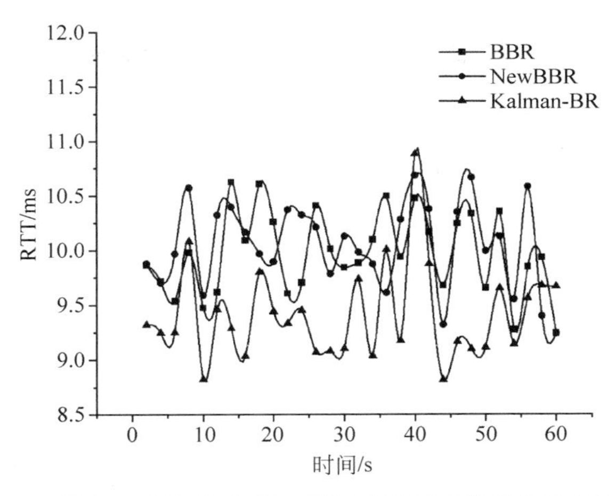

图 6.31　Kalman-BR、BBR、NewBBR 在场景二往返时延变化情况

同样，由于 Kalman-BR 使用卡尔曼滤波算法探测带宽并稳步更新 cwnd，而 BBR 和 NewBBR 使用周期性增大发送速率的方式探测带宽，这种盲目探测的方式会导致数据流量的突发性，不仅会造成队列增加，还会导致往返时延抖动，从图 6.30 和图 6.31 来看，Kalman-BR 在两个场景中往返时延最低且最平稳，Kalman-BR 的往返时延比 BBR 和 NewBBR 降低了 5%～6%。

2. 场景三（移动场景）

图 6.32 和图 6.33 分别给出了 Kalman-BR 在移动场景下 BBR 和 NewBBR 平均吞吐率的对比和往返时延变化情况。可以看到，在 0～20s 时，用户逐渐靠近基站，信号质量逐渐变好，Kalman-BR 的吞吐率性能比 BBR 提升了 41%，比 NewBBR 提升了 29%，同时往返时延比 BBR 降低了 34%，比 NewBBR 降低了 31%。在 20～40s 时，用户处于基站极佳的信号覆盖范围内，Kalman-BR 的吞吐率性能比 BBR 提升了 12.9%，比 NewBBR 提升了 10.6%，同时往返时延比 BBR 和 NewBBR 都降低了 14.2%。在 40～60s 时，用户逐渐远离基站，信号质量变得非常差，Kalman-BR 的平均吞吐率比 BBR 下降了约 7.9%，比 NewBBR 下降了

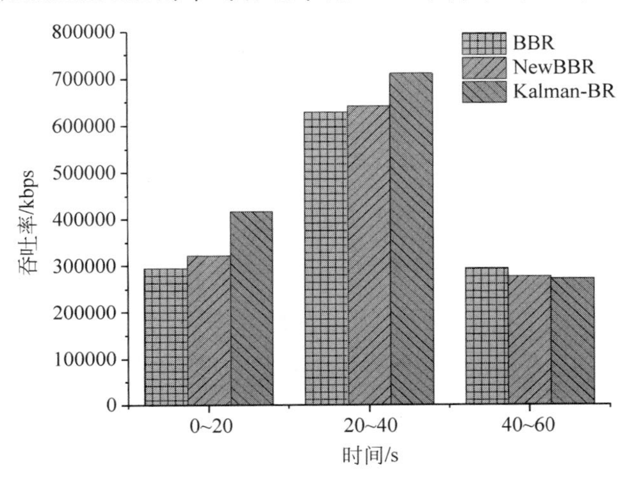

图 6.32　三个协议在场景三不同时间段平均吞吐率对比

2.1%,但是往返时延比 BBR 和 NewBBR 降低了约 20%。总体来看,相比 BBR,Kalman-BR 的吞吐率提升了 14.8%,往返时延降低了 20%;相比 NewBBR,Kalman-BR 的吞吐率提升了 12.4%,往返时延降低了 22.6%。

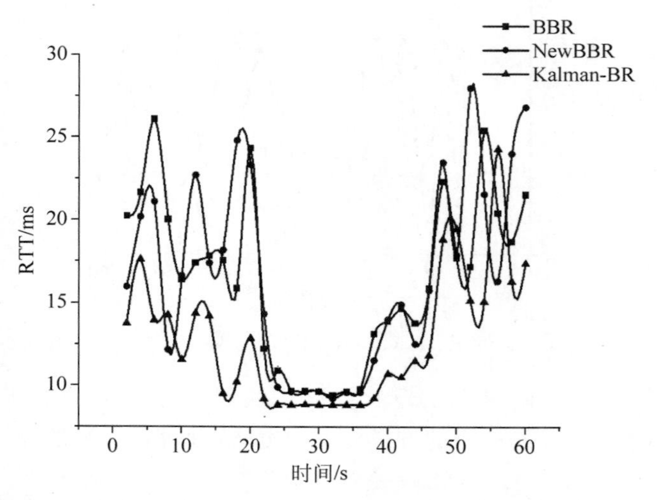

图 6.33 Kalman-BR、BBR、NewBBR 在场景三往返时延变化情况

当链路存在空余带宽时,Kalman-BR 能以 1.25 倍增加 cwnd 和 pacing rate,迅速提升吞吐率。当数据包的发送量超出链路最大可用带宽的处理能力时,通过卡尔曼滤波算法也能对可用带宽进行估计,得到趋近于链路最大可用带宽的最佳估计值。同时,Kalman-BR 始终保证滤波后的值趋近于链路当前最大可用带宽,因此可以认为其检测到的往返时延是链路可用带宽被充分使用时的时延,也就无须像 BBR 一样,周期性地降低发送速率检测链路最低时延。Kalman-BR 在链路逐渐变好的情况下,能够迅速对链路空余带宽做出反应,提高吞吐率;同时,Kalman-BR 在信号良好的条件下能够保持较高吞吐率的同时获得比 BBR 更低的往返时延,因此可以认为 Kalman-BR 比 BBR 更接近 Kleinrock 点;但是在信号逐渐变差的情况下,链路受到的干扰越来越大,可用带宽资源占比逐渐减少,此时的 Kalman-BR 仍进行 1.25 倍的 pacing rate 和 cwnd 更新,造成了一定量的丢包,吞吐率比 BBR 有所下降,且出现了较大的时延波动,但其往返时延仍是三个协议中最小的。

6.4.4 小结

本节基于卡尔曼滤波提出一个新的拥塞控制协议 Kalman-BR。通过构建端到端链路可用带宽模型,并结合卡尔曼滤波提出动态带宽预测算法,实验表明,Kalman-BR 协议在三个场景中均实现了较高的吞吐率和较低的往返时延,特别是在具有高动态性的场景二和场景三性能优势更加明显。由此可以看出,Kalman-BR 能够及时探测带宽变化,比 BBR 和 NewBBR 更能适应 5G 网络的高动态性。

6.5 本章小结

本章首先对当前较为典型的 8 个拥塞控制协议在 3 个 5G 网络场景下做了适应性分析。仿真实验结果表明，在静态和遮挡场景下，BBR 的拥塞控制时机是所有典型协议中最接近 Kleinrock 点的，但是在移动场景下，BBR 采取固定周期增益更新拥塞窗口以及保守的拥塞感知机制导致其不能充分利用网络带宽。

其次，针对 BBR 对网络拥塞响应较慢的问题，提出了快速拥塞感知算法对 BBR 进行改进，通过对往返时延和数据包到达速率的变化率进行研究，使得拥塞控制协议感知到的拥塞点更接近 Kleinrock 点(理论最佳操作点)，以实现更及时的拥塞控制。仿真实验结果表明，NewBBR 协议在三个场景中均表现出较高的吞吐率和较低的往返时延，特别是在移动场景中，其吞吐率比 BBR 提升了 5%，说明 NewBBR 能够快速感知网络拥塞，更适用于 5G 网络中的数据传输。

最后，针对 BBR 在 5G 网络的高动态场景下不能及时探测瓶颈带宽变化的问题，基于卡尔曼滤波提出了拥塞控制协议 Kalman-BR。通过构建端到端链路可用带宽模型，并结合卡尔曼滤波得到动态带宽预测算法。仿真实验结果表明，Kalman-BR 协议在 5G 网络的三个场景中均实现了较高的吞吐率和较低的往返时延，特别是在具有高动态性的场景中体现出了显著的性能优势。可见 Kalman-BR 能够及时预测网络可以带宽，因此比 BBR 和 NewBBR 更能适应 5G 网络的高动态性。

参考文献

[1] 徐勇. 5G 竞争，四大阵营谁能笑到最后?. 人民邮电报，2018-9-20.

[2] 爱立信. 爱立信移动市场报告. 爱立信通信有限公司，2019.

[3] 中国信息通信研究院.《中国制造 2025》系列规划指南汇编. 北京：人民邮电出版社，2017.

[4] 庄荣文. 让信息化造福社会、造福人民——深入贯彻落实《国家信息化发展战略纲要》. 求是，2016，(16)：50-52.

[5] 闫涛涛.《"十四五"信息通信行业发展规划》解读. 中国宽带，2021，(12)：2-4.

[6] 工业和信息化部. 工信部部署推动 5G 加快发展明确五方面 18 项措施. 工业和信息化部. 2020，(4)：3-5.

[7] Altahir N I A，Ali H A. Performance evaluation of TCP congestion control mechanisms using NS-2. In Proc. of 2016 Conference of Basic Sciences and Engineering Studies(SGCAC)，2016.

[8] Hock M，Bless R，Zitterbart M. Experimental evaluation of BBR congestion control. In Proc. of 2017 IEEE 25th International Conference on Network Protocols(ICNP)，2017.

[9] Sasaki K，Hanai M，Miyazawa K. TCP Fairness Among Modern TCP Congestion Control Algorithms Including TCP BBR. In Proc. of 2018 IEEE 7th International Conference on Cloud Networking (CloudNet)，2018.

[10] Zhang M. Transport layer performance in 5G mmWave cellular，In Proc. of IEEE Conference on Computer Communications Workshops(INFOCOM WKSHPS)，2016.

[11] Akselrod M，Fidler M. TCP Congestion Control Performance on a Highway in a Live LTE Network. In Proc. of 2020 IEEE 92nd Vehicular Technology Conference(VTC2020-Fall)，2020.

[12] Miyazawa K, Yamaguchi S, Kobayashi A. Performance Evaluation of TCP BBR and CUBIC TCP in Smart Devices Downloading on Wi-Fi. In Proc. of IEEE International Conference on Consumer Electronics-Taiwan(ICCE-Taiwan), 2020.

[13] Zhang M, Polese M, Mezzavilla M, et al. Will TCP work in mmWave 5G cellular networks?. IEEE Communications Magazine, 2019, 57(1): 65-71.

[14] Mezzavilla M. End-to-End Simulation of 5G mmWave Networks. IEEE Communications Surveys & Tutorials, 2018, 20(3): 2237-2263

[15] ns-3 documentation. https://www.nsnam.org/releases/ns-3-34/documentation/.

[16] Ekelin S, Nilsson M, Hartikainen E, et al. Real-time measurement of end-to-end available bandwidth using Kalman filtering. In Proc. of 2006 IEEE/IFIP network operations and management symposium noms, 2006.

第7章

自适应拥塞控制机制

本章的研究目的是针对不同的网络状态实现自适应拥塞控制。首先，提出一个自适应拥塞控制框架 ACCF，它能根据网络状态的变化在现有的拥塞控制机制之间切换。然后，基于 ACCF 框架在高 BDP 网络中实现自适应拥塞控制，根据网络状态在基于丢包和基于时延的拥塞控制方法间切换。仿真实验和实际网络实验结果显示，与其他当前的算法相比，ACCF 在吞吐率、公平性和友好性等方面均有较大的改善。

7.1 引言

随着新的链路技术和子网的不断出现和发展，已有大量针对不同网络环境的 TCP 版本提出，它们根据各个特定网络的局部特性对 TCP 进行改进，从而实现了较大的性能增益。但是这些版本无法根据低层网络环境自动选择合适的拥塞控制算法。

正如第 1、2 章所述，为了适应不断变化的互联网，研究者提出了一些自适应的方法。这些方法中有的方法是对 TCP 协议栈参数的改进，但仅靠改变协议参数来改善协议性能很有限；有的方法是针对 AQM 网络或软件定义网络的，需要中间设备的协助，例如 OpenTCP[1]；还有的需要事前已知或假设网络状态，并需要协议设计者给定目标函数，例如 TCP Remy[2]。因此目前的方法在短期内很难在互联网中实现。

本章提出了一个自适应拥塞控制框架 ACCF，根据网络状态变化，在现有的拥塞控制机制中自动选择合适的算法。例如，在数据中心网络中，基于 ACCF 可以自适应地选择 DCTCP 的拥塞控制方法，也可以使用 Cubic TCP 的拥塞控制方法。而使用何种方法需要根据当前的网络状态决定。ACCF 与以前针对 TCP 性能改进的研究不同，它并不是对 TCP 的局部优化，而是对以前工作的一个补充。作为初步的尝试，本章将 ACCF 用于高 BDP 网络中，从现有的拥塞控制方法中自适应地选择合适的方法。在本章的应用实例中，基于高 BDP 网络的不同网络设备和链路情况下，ACCF 实现了高效公平的数据传输。经过仿真实验以及真实网络实验验证了 ACCF 能够满足下列需求：

（1）在绝大多数网络状态下能有效利用带宽，包括不同的网络瓶颈链路带宽和各种路由器缓存；

(2) 具有较好的协议内公平性，特别是当竞争流有不同的 RTT 时；

(3) 具有较好的 TCP 友好性。

7.2 ACCF 框架

与 OpenTCP 不同，ACCF 是端到端的方法，不需要其他网络设备的协助。首先，ACCF 计算并更新网络参数，如队列时延、分组丢失事件，或者是收到的分组之间的到达时间。然后 ACCF 根据这些参数的变化估计当前网络状态。再针对不同的网络状态选择不同的拥塞控制方法。

图 7.1 给出了 ACCF 的框架视图。ACCF 框架由三个主要组件构成：网络参数更新组件、网络状态估计组件和拥塞控制机制自适应组件。当仔细研究各种网络的特性后，网络参数更新组件抽取和测量那些能够刻画网络状态的参数；网络状态估计组件是 ACCF 的核心，它能够根据一个或多个网络参数对当前的网络状态做出估计；之后，拥塞控制机制自适应组件会选择一个合适的拥塞控制(congestion control，CC)机制。为了能够确定合适的拥塞控制方法，需要对现有的各种拥塞控制机制的特点认真分析并归类。

1. 控制的时间尺度设置

ACCF 的实现包括三个步骤，这三步循环执行：①网络参数更新；②网络状态估计；③拥塞控制机制自适应选择。循环时间间隔预先给定，设为 T。为了保证网络稳定，T 的数量级应比网络的 RTT 大。直观来看，稍慢一点修改 TCP 参数，能够让每个 TCP 会话在下次更新状态前有足够的时间达到稳定。因此，将 T 值设为两个 RTT。

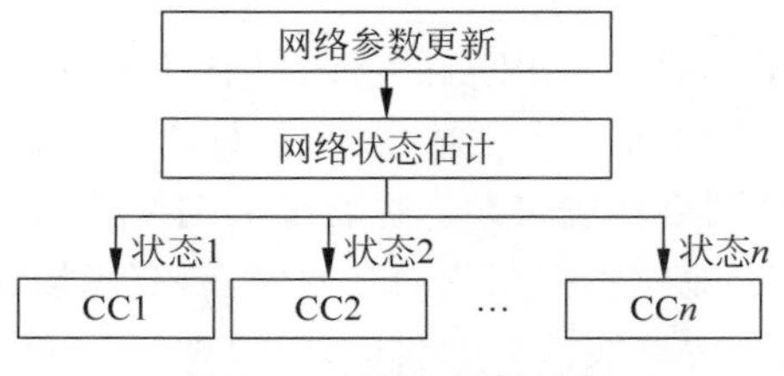

图 7.1 ACCF 框架视图

2. 拥塞控制机制的切换

ACCF 能根据网络状态从两个或多个拥塞控制机制中选择最合适的一个。假设有 K 个拥塞控制机制，记为 $P_1, P_2, \cdots, P_K$，根据 Tang 等的研究[3-4]，ACCF 能够保证系统稳定当且仅当满足以下三个条件：

① $\forall i, j: 1 \leqslant i, j \leqslant K$，$P_i$ 和 P_j 具有相互兼容的拥塞探测方式；

② $\forall i: 1 \leqslant i \leqslant K$，在任何 P_i 下网络均稳定，P_i 的效用函数为凹函数且是单调函数；

③ 拥塞控制机制的切换应在一个比 TCP 窗口动态变化的时间尺度(称为快时间尺度，即 RTT)缓慢的时间尺度(T)上进行。

直观来看，具备相互兼容的拥塞探测方式是指，虽然不同拥塞控制机制会对不同的拥塞信号产生反应(如 TCP Reno 以丢包率作为拥塞信号，而 FAST TCP 以排队时延作为拥塞信号)，但可以通过文献[4]中提出的价格映射函数进行关联。而使用两个时间尺度进行控制，可确保每条流在进行新一轮更新前达到稳态。更多对拥塞探测兼容性的详细描述以及稳定性的证明将留待将来进行。

3. ACCF 的可行性和扩展性

作为对 ACCF 框架的验证，7.3 节将 ACCF 应用于高 BDP 网络中，在这个实例中，ACCF 自适应调节拥塞控制机制。通过这个实例，展示 ACCF 根据变化的网络状态实现自适应拥塞控制机制的过程。经过真实网络的测试，自适应机制获得的平均吞吐率比其他 TCP 拥塞控制算法高出 225.83%。利用现在可扩展的 TCP 实现机制，能够很容易地在现有拥塞控制机制之间实现切换，甚至需要时可以引入全新的拥塞控制方案。

7.3　基于高带宽时延积网络的 ACCF 实例研究

正如第 2 章所说，目前已提出许多针对高 BDP 网络的协议，包括基于丢包、基于时延以及同时基于丢包和时延的混合方法。本节将 ACCF 应用于高 BDP 网络中，并在基于丢包和基于时延两种方法间实现自适应切换。

7.3.1　拥塞控制机制的适应性分析

基于丢包的方法通过修改 TCP 拥塞避免阶段中的 AIMD，使其更加激进，并且使用丢包作为唯一的拥塞信号。因此，吞吐率会在满带宽利用率和低利用率之间振荡，在高速链路上这种振荡更明显。此外，激进的速率增加方式和丢包行为将会大大增加中间路由器缓存的负担，从而导致严重拥塞。由此可见，基于丢包的方法在高速网络中很难实现满带宽利用。

另一方面，基于时延的方法利用队列时延作为网络拥塞估计器，并实现了优异的稳定性能。然而，它们在带宽受限的链路上会遭受严重的性能下降，这是因为在带宽受限的链路上，可能出现大量丢包，从而导致队列时延的估计误差[5]，此外，基于时延的方法在小缓存或长时延网络中也会出现不公平性以及不稳定性[6]，正如第 2 章中所描述的。

从上述分析来看，基于丢包的方法适用于低速网络，而基于时延的方法在高速网络中具有决定性的优势[7]。因此，当网络带宽利用率较高时可使用基于丢包的方法，而当网络带宽利用率较低时可使用基于时延的方法。

7.3.2　拥塞控制机制间的切换

根据 7.3.1 节的分析，ACCF 使用丢包事件和拥塞窗口变化两个网络参数来估计网络状态，如图 7.2 所示。在有线网络中，当发生丢包时，认为网络可能处于满带宽，而当拥塞窗口大小超过最近一次丢包时的窗口(即 $W_{\text{last\_max}}$)时，则认为网络带宽的利用率较低。因此，根据当前估计的网络状态，从基于时延和基于丢包的方法中选择其一作为拥塞控制机制。也就是说，当估计到网络带宽处于低利用率时，选择基于时延的方法，而当估计到网络带宽处于满利用率状态时，选择基于丢包的方法。

这个实例中采用了基于时延的 Fast TCP 和基于丢包的 Cubic TCP。本例将这两种拥塞控制方法集成到 ACCF 框架中，由于网络趋于拥塞时，时延测量值会受到干扰，此时 ACCF 将使用丢包信息作为主要的拥塞指示，而只有当网络估计为低利用率时才使用时延信息。在这里具体实现为，根据估计的网络状态，使用不同的拥塞控制方法确定目标窗口大

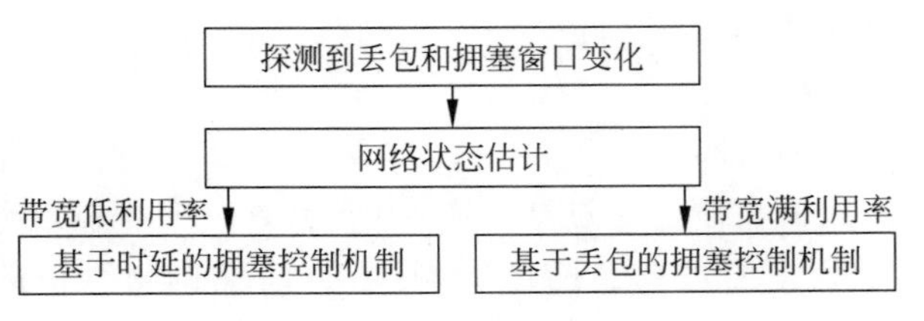

图 7.2 实例的基本框架

小,之后,ACCF 使用(Cubic TCP 中定义的)三次函数来更新窗口大小。这个窗口更新函数的自变量是相邻两次网络状态变化之间经历的时间,而非 RTT,将这段时间记为一个 epoch,当发生丢包或当前窗口大小超过了 W_{last_max} 时,开始一个新的 epoch。因此,窗口的增长独立于 RTT,于是利用这个三次函数,ACCF 能够获得一个凹形的窗口曲线,进而能够实现高效的传输性能,同时具有 RTT 公平性。图 7.3 描述了拥塞窗口的演化行为。

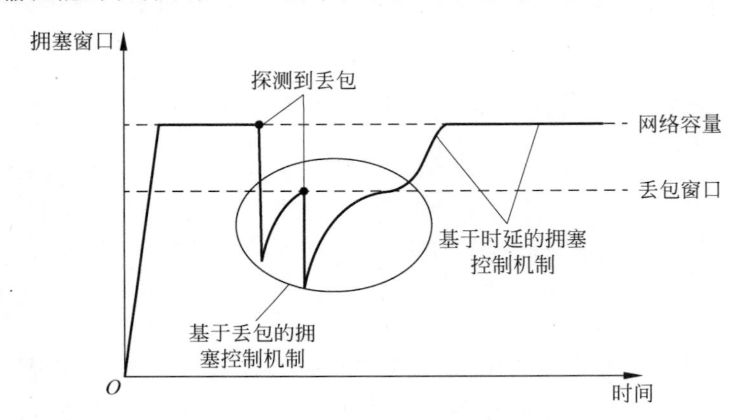

图 7.3 拥塞窗口的演化行为

在开始阶段,假设链路的利用率较低,为了尽快探测可用带宽,与 Fast TCP 类似,拥塞窗口以乘性增长(multiplicative increase,MI)模式向着目标窗口更新,而目标窗口值使用时延信息进行计算。当发生丢包时,即认为链路满带宽,ACCF 记录下丢包时的窗口并切换到基于丢包的拥塞控制。完成快速恢复后,ACCF 使用丢包窗口作为目标窗口的大小,然后开始向目标窗口值更新拥塞窗口的大小。若再次发生丢包,而且拥塞窗口大小并未超出上一次丢包时的窗口,则目标窗口值被更新为新的丢包窗口,而 ACCF 仍然处于基于丢包的拥塞控制之中。若拥塞窗口大于丢包窗口,而且没有丢包事件发生,则可认为网络中出现了额外的可用带宽。因此,ACCF 会切换回基于时延的拥塞控制中,并根据当前时延重新计算目标窗口的大小。一旦目标窗口大小确定,ACCF 就使用三次函数调整拥塞窗口的大小,使得当前的窗口接近目标窗口。图 7.4 给出了 ACCF 窗口控制算法的流程图,具体实现描述如下。

开始阶段(Startup):在开始阶段,假设只有少量数据流在网络中,因此链路利用率较低,为了尽快探测可用带宽,ACCF 使用基于时延的拥塞控制来增加拥塞窗口的大小。设置状态变量 baseRTT 来估计网络路径上分组的传输时延,当 TCP 连接建立之后,baseRTT 就记录下所观察到的最小 RTT。ave_RTT 是经过指数平滑后的 RTT 值,平滑方法与 TCP Reno 所使用的一致。之后可得到连接的排队时延 d,即

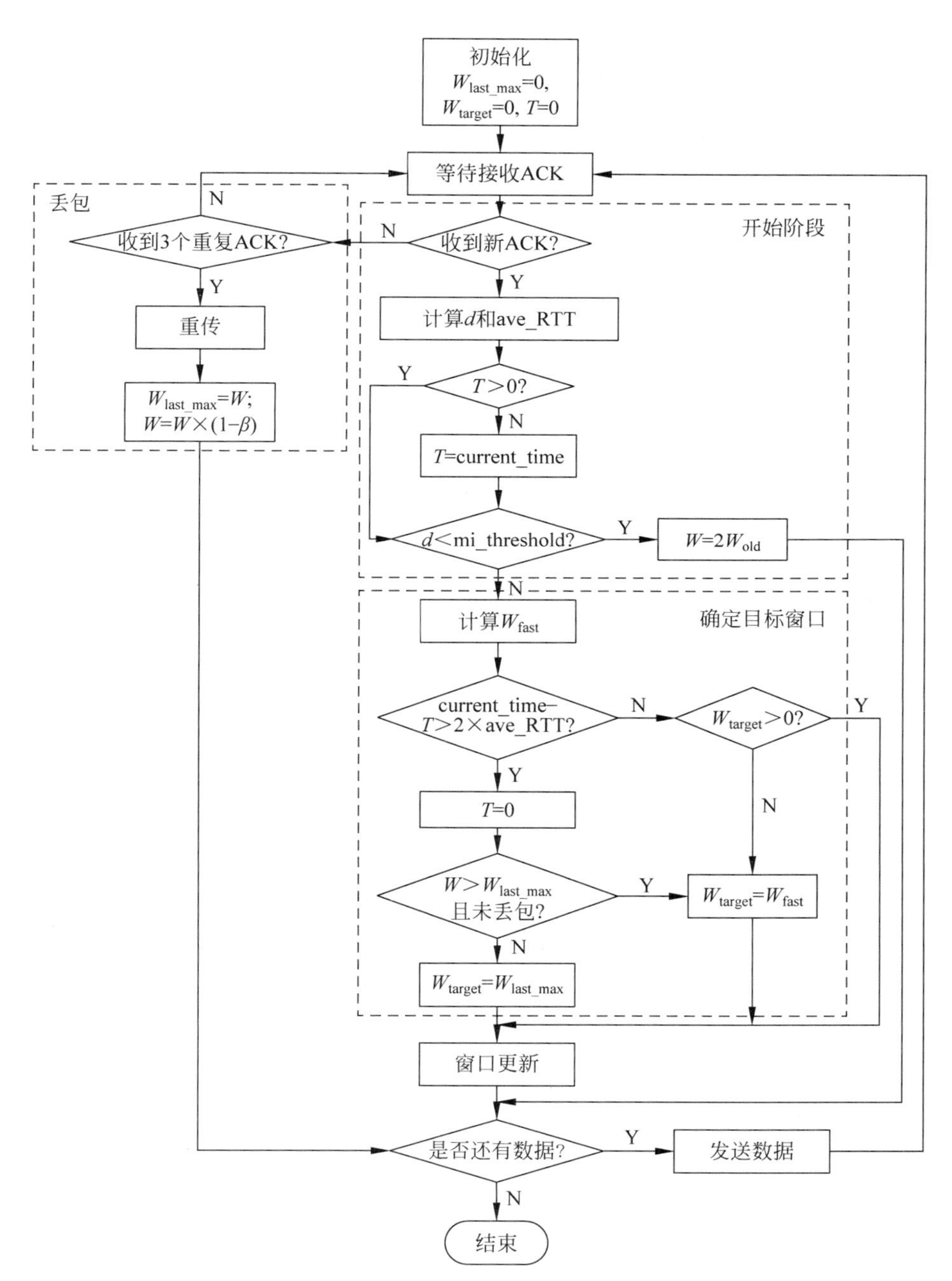

图 7.4 ACCF 窗口控制算法的流程图

$$d = \text{ave\_RTT} - \text{baseRTT} \tag{7.1}$$

使用阈值 mi_threshold 来估计路径上的拥塞，若 $d<$mi_threshold，则说明队列较短，于是采用 MI 方案快速增加窗口大小，如式(7.2)所示。否则，说明网络路径正变得逐渐拥塞，于是协议会向目标窗口定期更新拥塞窗口。

$$W = 2W_{\text{old}} \tag{7.2}$$

式中，W_{old} 是上一个 RTT 的拥塞窗口，W 是当前拥塞窗口。

确定目标窗口：若排队时延 d 超出阈值 mi_threshold，ACCF 会根据目标窗口定期更新拥塞窗口，为了保证网络的稳定性，根据网络状态每隔一个 RTT 对目标窗口进行更新。

若网络利用率较低，则丢包事件很少发生，RTT 能被正确估计，在这种情况下，通过排队时延能够较好地探测网络拥塞。因此，采用基于时延的拥塞控制方法来确定目标窗口值，即根据式(2.3)计算 W_{fast}，使之尽快达到稳态。

若发生丢包事件，则说明网络已经达到满带宽，RTT 的估计便会受到干扰，从而时延信息无法正确反映网络状态。因此，一旦探测到有分组丢失，ACCF 就会切换到基于丢包的拥塞控制。将丢包事件发生时的窗口大小记为 $W_{\text{last\_max}}$，并将其设置为新的目标窗口值。若丢包事件再次发生，同时拥塞窗口未超过 $W_{\text{last\_max}}$，则 $W_{\text{last\_max}}$ 和目标窗口同时更新为新的丢包窗口值。若快速恢复之后，拥塞窗口值超出了 $W_{\text{last\_max}}$，且其间未再次发生丢包，则 ACCF 将再次计算 W_{fast} 并更新目标窗口值。

窗口更新：ACCF 将目标窗口值看作可用的最大带宽，并采用 Cubic 中的三次函数来更新拥塞窗口值，即用 W_{target} 代替式(2.1)中的 $W_{\max}$。一旦目标窗口确定了，ACCF 就根据目标窗口与当前窗口之差来更新拥塞窗口，使当前窗口接近目标窗口。利用这个三次函数，ACCF 能实现一个凹形窗口曲线，当目标窗口与当前窗口值差距较大时，ACCF 会快速增加窗口值，当窗口接近目标窗口时，窗口增长速度减慢，并且稳定在目标窗口附近，直到网络状态改变。

分组丢失：当探测到分组丢失时，$W_{\text{last\_max}}$ 的值更新为当前窗口值，然后拥塞窗口根据式(7.3)减小。

$$W = W \times (1-\beta) \tag{7.3}$$

式中，β 是窗口减小因子。

7.4 实验结果

本节基于网络仿真器 OPNET Modeler 和真实的有线网络进行实验，并给出实验结果和分析。

7.4.1 基于仿真实验的性能评价

本节通过仿真实验来评价 ACCF 的性能，利用仿真软件 OPNET Modeler 比较 ACCF 与 TCP Reno、Cubic TCP、Fast TCP、TCP Illinois 的性能。如图 7.5 所示，实验中采用一个

哑铃状的网络拓扑，一个用户或多个用户共享一条瓶颈链路。瓶颈链路带宽分别设置为400Mbps（表示高速链路）和5Mbps（表示低速链路）。路由器的队列策略采用先进先出。数据包大小为1500B，除非特别说明，RTT设置为120ms。每个仿真场景持续300s，实验对协议的效率、公平性和TCP友好性进行了评价。

对于TCP Reno、Cubic TCP和TCP Illinois，仿真中采用了它们默认的参数设置，对于Fast TCP和ACCF，设置参数$\tau=400$，ACCF中C和β的取值与Cubic TCP中的相同，即分别为0.4和0.2。

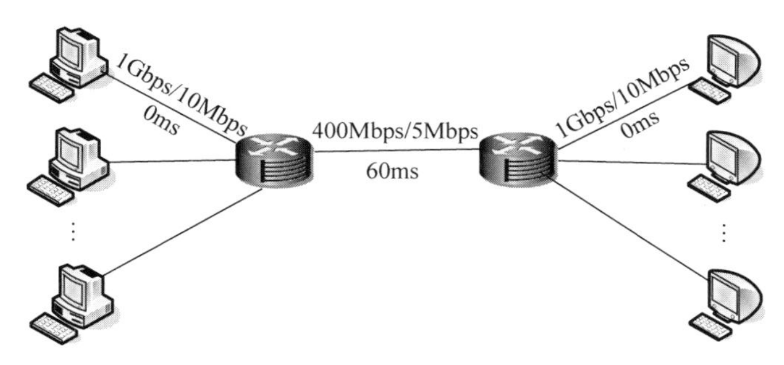

图7.5 哑铃状拓扑

1. 单条流的效率

首先评价不同路由器缓存大小下单条流的效率，图7.6显示瓶颈链路带宽分别为400Mbps和5Mbps时，不同路由缓存下各协议的平均吞吐率。如图7.6(a)所示，所有协议的平均吞吐率都随着缓存的增加而增加，当瓶颈链路带宽为400Mbps时，ACCF和Cubic TCP比其他TCP版本实现更高的吞吐率。然而，当缓存低于500个包时，Fast TCP的平均吞吐率迅速降低，甚至低于TCP Reno的平均吞吐率。这主要是因为Fast TCP使用时延信息作为拥塞指示，而当缓存较小时，Fast TCP中大量分组丢失，这将导致时延估计的误差。当缓存大小变化时，ACCF和Cubic TCP的吞吐率变化并不明显。当缓存较小时，ACCF实现比其他TCP版本更高的性能；当缓存较大时，ACCF的吞吐率稍微增加一点，然后在缓存高于500个包时，接近满带宽。尽管在缓存变化时，TCP Illinois的吞吐率也未见明显变化，但其平均吞吐率低于ACCF。产生这个问题的主要原因有两个：

(1) 即使丢包后，TCP Illinois仍然使用时延信息来计算拥塞窗口，时延的误差将导致拥塞窗口的增长因子变小，从而降低协议性能；

(2) TCP Illinois为拥塞窗口的增长因子设置了最大值和最小值，这将会限制其在高速网络中的带宽利用率。

正如之前所说，ACCF在丢包后使用基于丢包的拥塞控制，因此可避免时延估计误差导致的性能下降。Cubic TCP和ACCF均使用凹函数来更新窗口值，这个函数可保持协议和网络的稳定性，同时实现较高的网络利用率。因此，Cubic TCP和ACCF的平均吞吐率高于其他协议。此外，在开始阶段，ACCF使用MI方式来更新窗口值，尽可能探测可用带宽，而Cubic TCP使用和TCP Reno一样的慢启动机制，因此ACCF的平均吞吐率比Cubic TCP稍高一点。

图7.6(b)显示出在带宽为5Mbps时，ACCF仍然实现了较好的性能。由于Fast TCP

和 Cubic TCP 的窗口增长比较激进，并且仅仅使用丢包事件或排队时延来作为拥塞指示，当路由器缓存少于 15 个包时，大量分组丢失，Fast TCP 和 Cubic TCP 的平均吞吐率迅速下降。此时，由于丢包后 TCP Illinois 仍然使用时延信息来计算拥塞窗口，因此也表现出了较差的性能。而 ACCF 的性能与 TCP Reno 不相上下，两者的吞吐率并未随着路由缓存的变化而发生显著变化，当缓存低于 10 个包时，ACCF 的吞吐率略高于 TCP Reno。这仍然是因为 ACCF 能够根据变化的网络状态自适应地选择拥塞控制方法，并且采用了高效且稳定的窗口增长函数。

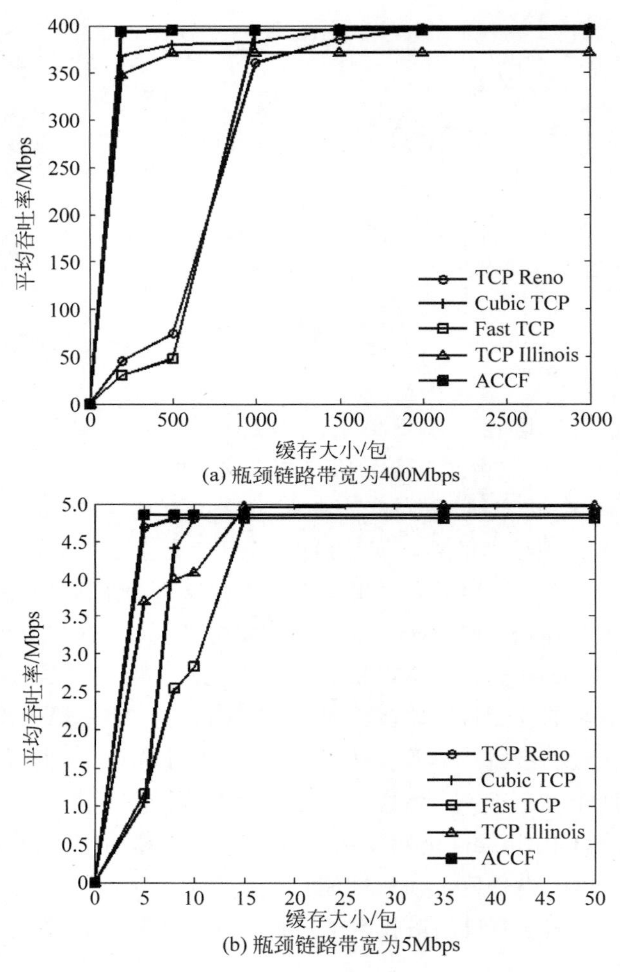

图 7.6　不同缓存下的平均吞吐率

其次，对 ACCF 在网络出现不同随机丢包率情况下的性能进行评价。图 7.7 给出了瓶颈链路带宽为 5Mbps，丢包率从 10^{-3} 变化到 10^{-4} 时各协议的平均吞吐率。图 7.8 给出了瓶颈链路带宽为 400Mbps，丢包率从 10^{-5} 变化到 10^{-6} 时各协议的平均吞吐率。从图 7.7 和图 7.8 可以看出，所有协议的平均吞吐率均随着丢包率的增加而降低，而在所有协议中，ACCF 能够保持一个较高的平均吞吐率。如图 7.7(a)和图 7.8(a)所示，当路由缓存较大时(即在带宽为 5Mbps 时，路由缓存为 50 个包；在带宽为 400Mbps 时，缓存为 2000 个包)，

ACCF 和 Fast TCP 的吞吐率相近，且均高于其他协议。当路由缓存较大时，由于网络拥塞导致的丢包较少，因此，基于时延的方法能够正确探测网络拥塞，于是可以比基于丢包的方法实现更好的性能。值得注意的是，Fast TCP 的平均吞吐率比 ACCF 稍高。这是由于此时部分丢包事件是由网络链路的随机错误导致，而不是网络拥塞，在这种情况下队列时延并未明显增加，因此 Fast TCP 的目标窗口并未减少。然而，当探测到丢包时，ACCF 会将 $W_{\text{last\_max}}$ 设置为 W_{target}，而且 $W_{\text{last\_max}}$ 通常比 W_{fast} 小。这是 Fast TCP 的平均吞吐率稍高于 ACCF 的主要原因。图 7.7(b)和图 7.8(b)显示当路由缓存较小时(即在带宽为 5Mbps 时，路由缓存为 5 个包；在带宽为 400Mbps 时，缓存为 500 个包)，ACCF 仍然实现了较好的性能。当缓存为 5 个包时，Fast TCP 的平均吞吐率明显低于其他协议，在这种情况下，随机丢包和拥塞丢包同时存在，大量丢包导致 Fast TCP 性能降低，而 ACCF 在丢包后转入基于丢包的拥塞控制，并且使用三次函数更新拥塞窗口，因此 ACCF 比其他协议实现了更好的性能。

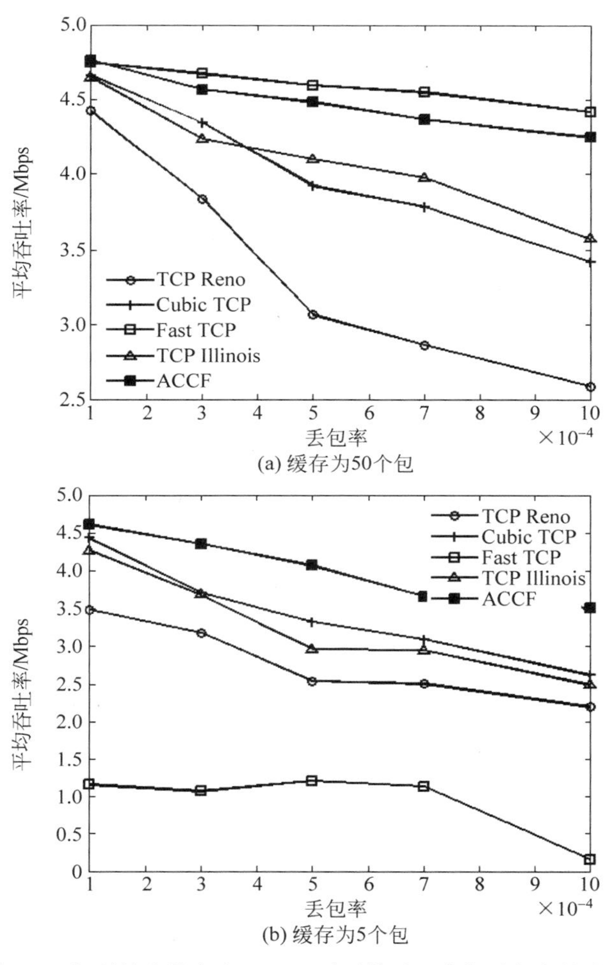

图 7.7　瓶颈链路带宽为 5Mbps 时平均吞吐率与丢包率的关系

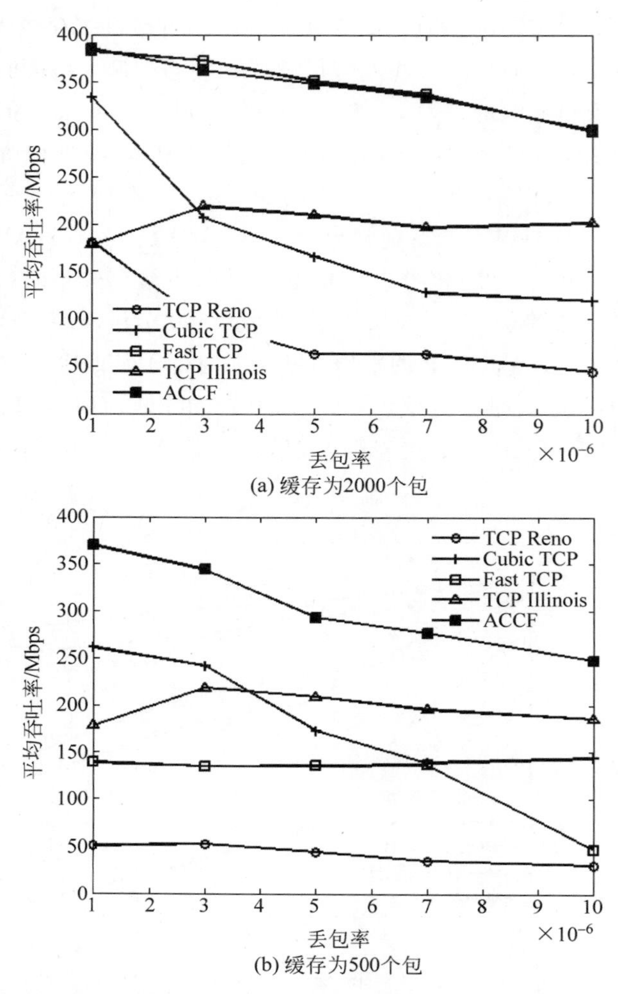

(a) 缓存为2000个包

(b) 缓存为500个包

图 7.8 瓶颈链路带宽为 400Mbps 时平均吞吐率与丢包率的关系

从以上仿真结果可以看出，ACCF 在平均吞吐率方面的性能优于 Fast TCP、Cubic TCP、TCP Illinois 和 TCP Reno。这主要是因为 ACCF 具有自适应的性质。若路由缓存较大且路由器上没有发生丢包，ACCF 便使用基于时延的拥塞控制，基于时延的拥塞控制机制能很好地探测网络拥塞并快速达到平衡状态。若路由缓存减少，且探测到丢包事件时，ACCF 就切换到基于丢包的拥塞控制，采用三次函数更新窗口，能快速接近拥塞点并将窗口稳定在拥塞点附近，因此 ACCF 在高速网络和低速网络中均能实现较高的带宽利用率。

2. 公平性

为了评价 ACCF 的公平性，考虑两个不同的场景，即多条流具有相同 RTT 和不同 RTT 的场景，并使用 Jain 提出的公平指数 FI[8] 量化并评价瓶颈链路带宽为 400Mbps 时协议的公平性。

对于具有相同 RTT 的场景，使用同种协议的三条 TCP 流经过相同的瓶颈路径，所有用户的 RTT 均为 120ms。三个发送端在 10s 时同时开始发送数据并在 300s 时结束。图 7.9 显示了不同 TCP 协议中三个用户的平均吞吐率。如图 7.9(a)所示，当缓存大小为 2000 个包时，不同协议中所有用户公平地共享链路资源，而且 ACCF 几乎达到满带宽利用率。从图 7.9(b)可以看出，随着缓存减少到 500 个包时，所有协议三条流的总吞吐率明显降低，且 Fast TCP 和 TCP Illinois 的公平性明显下降。此时，ACCF 不仅实现了三个用户对链路资源的公平共享，同时还保持了较高的带宽利用率。当缓存较大时，ACCF 中基于时延的拥塞控制模块能很好地运行，因此，ACCF 能够实现与 Fast TCP 一样好的公平性。当缓存减少到 500 个包时，丢包事件被探测到，时延信息不能正确估计，在这样的网络环境中，Fast TCP 和 TCP Illinois 性能低下。而 ACCF 使用基于丢包的拥塞控制以及三次函数来调整窗口值，因此它能够同时实现有效的公平性和高带宽利用率。此外，由于使用了三次窗口更新函数，Cubic TCP 也实现了较好的公平性及高带宽利用率。

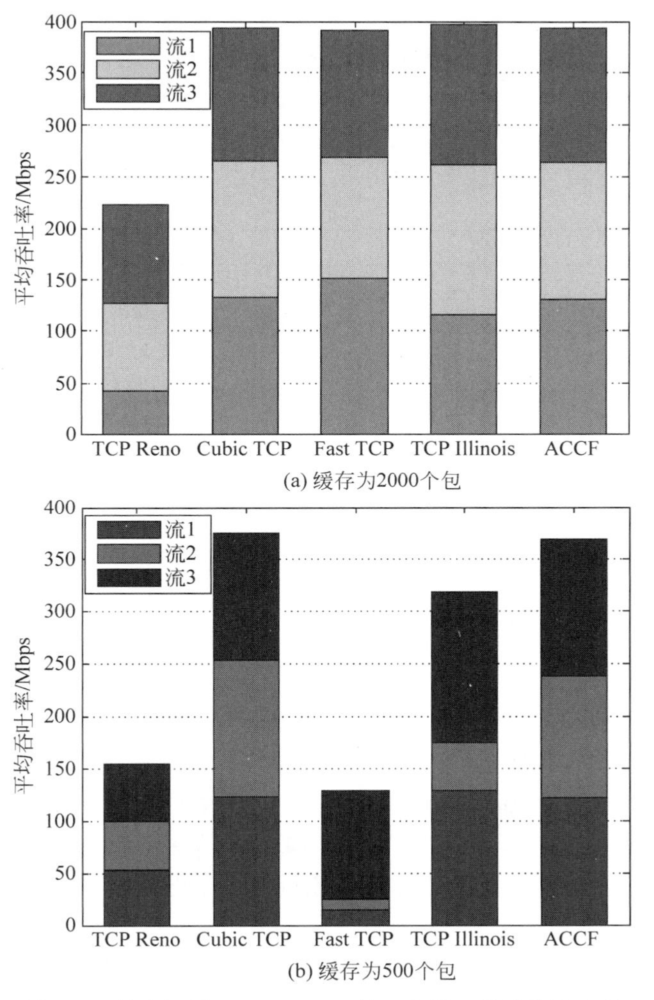

图 7.9 具有相同 RTT(120ms)的 3 个用户的平均吞吐率

对于不同的 RTT 场景，实验考虑两条 TCP 流共享瓶颈链路，链路带宽为 400Mbps，它们的 RTT 具有不同的比例。每条流的 RTT 值为 60ms、120ms 和 180ms 之一，因此两条流的 RTT 比例分别为 1.5、2 和 3。表 7.1 给出了缓存分别为 500 个包和 2000 个包时的结果，其中 FI 是公平性指数。从表 7.1(a)可以看出当缓存大小为 500 个包时，大部分协议的公平性明显受到RTT比例的影响，具有较短RTT的流比具有较长RTT的流能获得更高的吞吐率。与其他四个协议相比，总体上ACCF实现了较好的公平性，同时保持了较高的吞吐率。从表7.1(b)中可见，在所有协议中，ACCF表现得最公平，其次是Cubic TCP。ACCF的窗口增长函数与RTT无关，这个特性使得在相同瓶颈链路上的ACCF竞争流具有几乎相同的窗口大小，实现了较好的RTT公平性。

表7.1 带宽为400Mbps时FI的仿真结果

(a) 缓存为500个包

RTT ratio	1.5			2			3		
Protocols	T1	T2	FI	T1	T2	FI	T1	T2	FI
TCP Reno	21.91	76.34	**0.7652**	58.60	172.18	**0.8050**	22.93	166.78	**0.6349**
Cubic TCP	0.14	320.35	**0.5004**	140.78	256.90	**0.9214**	127.36	269.41	**0.8864**
Fast TCP	10.47	110.49	**0.5939**	4.74	181.82	**0.5260**	103.02	227.72	**0.8756**
TCP Illinois	94.38	279.90	**0.8028**	105.72	291.92	**0.8202**	84.54	311.56	**0.7527**
ACCF	103.40	259.12	**0.8442**	53.54	319.91	**0.6628**	189.96	205.11	**0.9985**

(b) 缓存为2000个包

RTT ratio	1.5			2			3		
Protocols	T1	T2	FI	T1	T2	FI	T1	T2	FI
TCP Reno	21.91	76.34	**0.7652**	58.60	172.18	**0.8050**	22.93	166.78	**0.6349**
Cubic TCP	124.42	265.61	**0.8841**	124.14	271.66	**0.8780**	105.63	291.56	**0.8203**
Fast TCP	4.18	323.22	**0.5129**	154.24	214.07	**0.9743**	38.44	355.08	**0.6070**
TCP Illinois	105.23	237.31	**0.8706**	63.89	333.90	**0.6846**	63.74	334.14	**0.6841**
ACCF	190.11	198.15	**0.9996**	193.87	201.27	**0.9996**	189.96	205.11	**0.9985**

3. TCP友好性

为了评价TCP友好性，实验采用四个发送端，其中两个运行TCP Reno协议，而另外两个实现其他的TCP版本，四条流具有相同的RTT。图7.10和图7.11显示了不同带宽和缓存大小下四条流的平均吞吐率，其中1和2表示使用TCP Reno协议的流，3和4表示使用其他协议的流。从图中可以看出，即使带宽和缓存变化，基于丢包的Cubic TCP总体上表现得不公平，明显地“偷”了TCP Reno的带宽，从而减少TCP Reno流的平均吞吐率。对于基于时延的Fast TCP，如果实验中的缓存数小于协议预先设置的τ(对路由器中可存储的最大分组数的假设)，Fast TCP的性能不及Cubic TCP，如图7.10(b)和图7.11(b)所示。在高速链路上TCP Illinois的性能比Cubic TCP好，而在低速链路上却不如Cubic TCP。当带宽为5Mbps，缓存为50个包时，TCP Reno流实现了比TCP Illinois流更高的吞吐率。同时也注意到当路由器缓存变大时，ACCF和Fast TCP对TCP Reno表现了更好的友好性，如图7.10(a)和图7.11(a)所示。这是因为，ACCF此时切换为基于时延的拥塞控制并在路由器中保持预设的分组数，而剩余的缓存可为TCP Reno流所用。因此，TCP Reno流可与ACCF流共享带宽。当路由器的缓存小于预设的分组数时，ACCF就会使用基于丢包的拥塞控制方法控制窗口增长，从而导致其友好性与Cubic TCP类似。路由器的可用缓存越多，TCP Reno流能够实现的带宽利用率越高。仿真结果显示，在不同的带宽和缓存限制下，ACCF并没有一直抑制与其并存的TCP Reno流，而是比其他三个TCP版本实现了更好的TCP友好性。

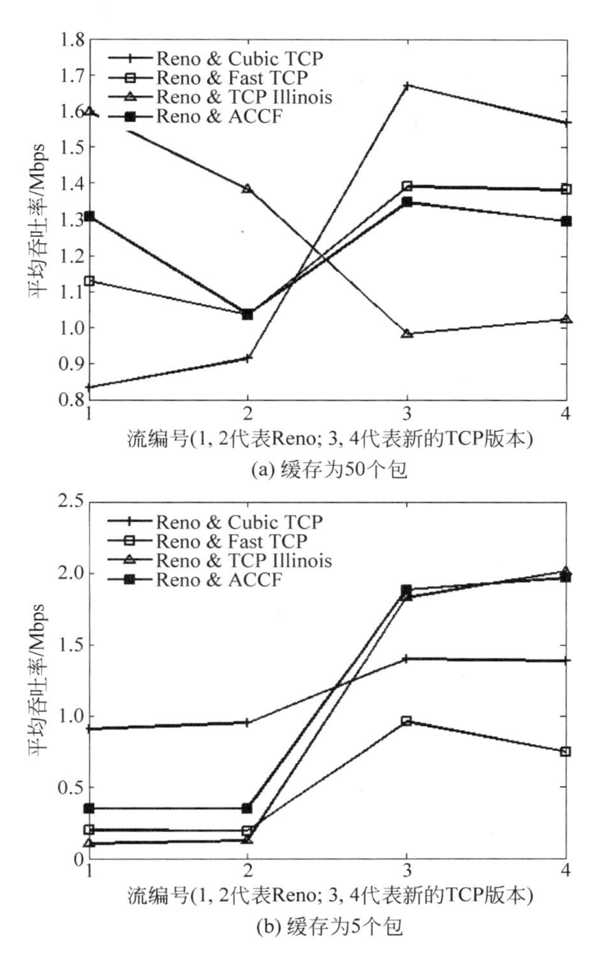

图 7.10 带宽为 5Mbps 时的 TCP 友好性

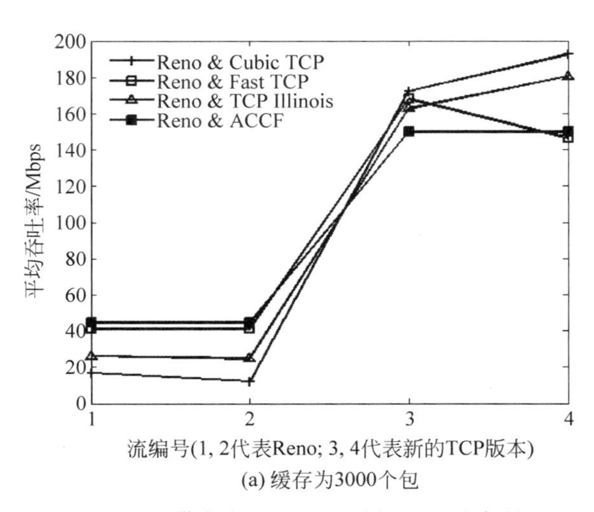

图 7.11 带宽为 400Mbps 时的 TCP 友好性

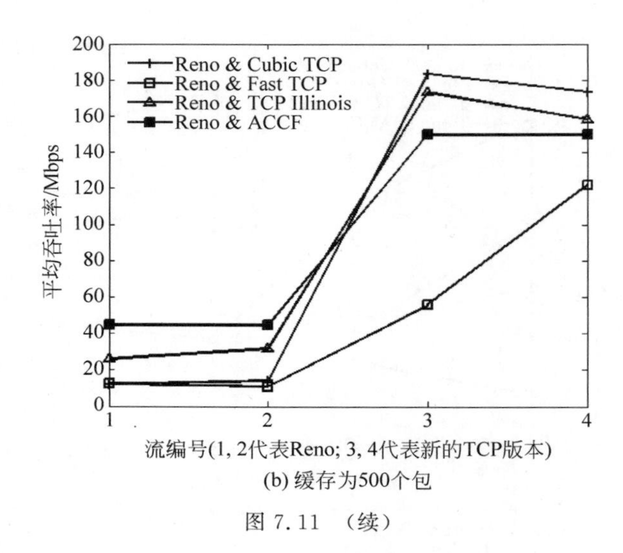

(b) 缓存为500个包

图 7.11 （续）

7.4.2 真实网络环境中的性能评价

为了在真实的网络环境中测试 ACCF 的性能，本研究在 Linux 内核(v2.6.18)中以模块的形式实现了 ACCF。为了方便比较，基于 Fast TCP 的 NS-2 代码[9]在内核中实现了 Fast TCP。其他 TCP 版本均能在 Linux 内核 v2.6.18 中获得，包括 TCP Reno、Cubic TCP 和 TCP Illinois。如图 7.12 所示，所有需要测试的协议均配置在位于中国成都的四川大学的客户端主机上，服务器端主机位于韩国首尔的建国大学。建国大学以 1Gbps 的速率连接到 KREONET(Korea Research Environment Open NETwork)的首尔交换节点，然后首尔交换节点通过 GLORIAD 和 TEIN4 两个网络以 10Gbps 的速率连接到中国教育科研网(China Education and Research Network，CERNET)的香港交换节点[10]。经测试，四川大学和建国大学之间的 RTT 约为 126ms，服务器和客户机均使用 Linux 操作系统(内核版本为 2.6.18)。从位于四川大学的两个客户端主机同时向位于建国大学的服务器发送文件。

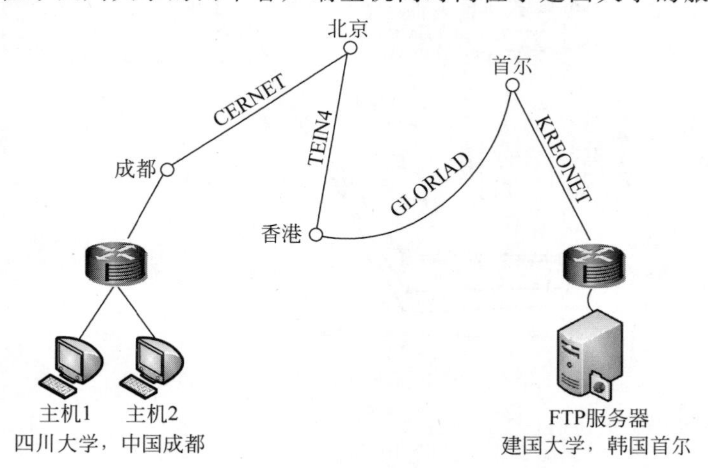

图 7.12 实验测试示意图

实验测试了协议在不同接入网络(包括中国电信宽带和中国教育科研网)中的性能。四川大学在 CERNET 的总接入带宽为 1.2Gbps,实验室的中国电信宽带接入带宽为 4Mbps。每个实验持续 5～10min,因为:①这个时间长度足以使被测试的协议接近稳态;②这个时间段与互联网上大部分 TCP 会话持续的时间一致(例如,一个独立内容的 YouTube 流、同步电子邮件、刷新网页等)。在一天中网络负载不同的四个典型时段分别进行测试,将 ACCF 的性能与 TCP Reno、Cubic TCP、Fast TCP 和 TCP Illinois 进行比较。实验结果见表 7.2 和图 7.13。从表 7.2 可以看出,与其他 TCP 相比,ACCF 的平均吞吐率最多高出了 225.83%。

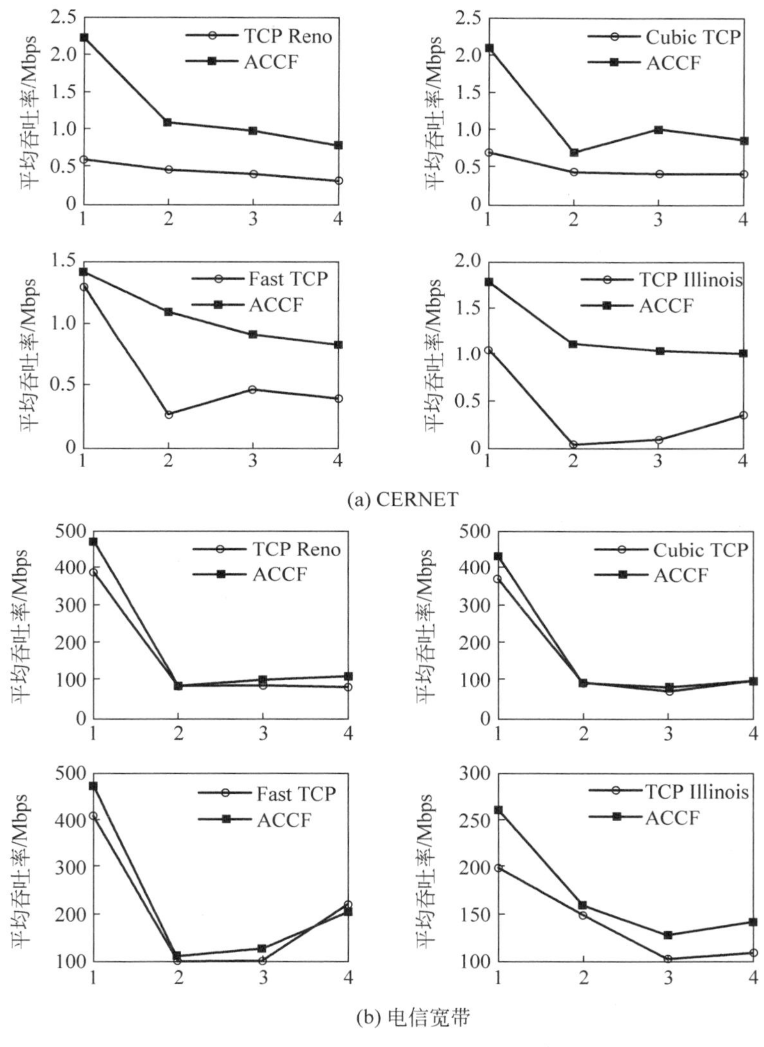

图 7.13　不同时段的吞吐率变化

图 7.13 给出了不同时段测试的吞吐率变化,数据分别通过 CERNET 和宽带发送到首尔。其中 x 轴表示进行实验的四个时段,分别为 7:00—8:00,10:00—11:00,16:00—17:00,21:00—22:00。从实验结果可以看出,由于 ACCF 具有自适应的特性,使其在不同的网络状态下能够实现比其他测试协议更高的吞吐率。如图 7.13(a)所

示，当通过 CERNET 访问服务器时，在测试的所有时段，ACCF 的性能均明显高于其他协议。在第 1 个时段，ACCF 的吞吐率只比 Fast TCP 高出一点，这可能是因为这个时段的网络负载较轻，ACCF 使用了基于时延的拥塞控制方法进行窗口控制。如图 7.13(b)所示，当通过宽带访问服务器时，可用带宽远小于 CERNET。由于窗口增长受限，所有协议的平均吞吐率均变小。然而，ACCF 的吞吐率仍然比 TCP Reno、Fast TCP 和 TCP Illinois 高，而与 Cubic TCP 的吞吐率相差不大，尤其是在第 2、3、4 时段。这是因为在网络负载重时，基于时延的方法性能降低，此时 ACCF 采用了基于丢包的拥塞控制方法，从而实现了较好的性能。

表 7.2 真实网络环境中的平均吞吐率

测试组编号	协　议	电信宽带/Kbps	CERNET/Mbps
1	ACCF	192.40	1.26
	TCP Reno	159.69	0.44
	性能提升比例	20.48%	189.66%
2	ACCF	176.83	1.16
	Cubic TCP	157.81	0.49
	性能提升比例	12.06%	138.66%
3	ACCF	228.63	1.06
	Fast TCP	207.99	0.60
	性能提升比例	9.92%	75.52%
4	ACCF	171.93	1.23
	TCP Illinois	140.21	0.38
	性能提升比例	22.62%	225.83%

7.5 讨论

上述这个简单的实例将 Fast TCP 和 Cubic TCP 集成到 ACCF 中，这种方法需要存储和更新所有集成的协议的状态变量，如 ave_RTT、baseRTT 和 W_{last_max} 等。随着所集成的协议数量增加，端节点的存储和计算开销也会相应增加。可是，本研究认为这些开销对端节点的性能影响极小，这是因为当前的端节点已经具有较大的存储和计算能力，而且现有 TCP 所使用的拥塞控制方法也并不十分复杂。

本章只是对自适应拥塞控制方法的初步尝试，在 ACCF 能够更广泛地用于各种网络之前还有许多工作要做，包括：

- 需仔细研究大量现有的 TCP 版本，尤其是其中拥塞控制方法的特点，并根据它们所适应的网络环境进行分类。
- 抽取更多能够刻画各种网络环境的网络参数。本研究中只使用了两个参数(即丢包事件和拥塞窗口变化)估计可用带宽的变化。
- 切换拥塞控制的方法需要进一步研究。当前的实现中，仅仅将两个拥塞控制方法集成到 ACCF 中，除此之外，可通过在端节点安装一个轻量级的代理程序来实现不同拥塞控制方法之间的显式切换。

7.6 本章小结

本章提出了ACCF,一个灵活、可扩展、自适应的拥塞控制框架。它能根据网络状态自动切换拥塞控制机制。然后,在高BDP网络中研究了ACCF的一个简单实现,展示了ACCF如何自适应调整拥塞控制机制以适应变化的网络情况。

在这个实例中,仿真结果以及实际网络环境的测试均显示,与当前的TCP版本(如TCP Reno、Cubic TCP、Fast TCP和TCP Illinois)相比,ACCF在吞吐率和公平性方面均有明显改善。具体说,从仿真结果可以看出,在不同的网络状态下(包括不同的路由器缓存和不同的链路带宽),ACCF总是能够比其他四个协议实现更高的吞吐率。在公平性方面,无论是否具有相同的RTT,ACCF总能表现得很好。此外,ACCF也比其他协议具有更好的TCP友好性。在真实网络环境测试中,ACCF最高比其他拥塞控制机制提高了225.83%的平均吞吐率。在CERNET中,ACCF的性能明显高于其他协议;在宽带网络中,ACCF的平均吞吐率在所有测试时段均稍高于TCP Reno和Cubic TCP;在两种网络中的所有测试时段,ACCF的平均吞吐率均明显高于TCP Illinois。

参考文献

[1] Ghobadi M, Yeganeh S H, Ganjali Y. Rethinking end-to-end congestion control in Software-Defined Networks. In: Proc. of the 11th ACM Workshop on Hot Topics in Networks(HotNets-XI), Redmond, WA, 2012: 61-66.

[2] Winstein K, Balakrishnan H. TCP ex machina: Computer-generated congestion control. ACM SIGCOMM Computer Communication Review, 2013, 43(4): 123-134.

[3] Tang A, Wang J, Low S H, et al. Equilibrium of heterogeneous congestion control: Existence and uniqueness. IEEE/ACM Trans. Networking, 2007, 15(4): 824-837.

[4] Tang A, Wei X, Low S H, et al. Equilibrium of heterogeneous congestion control: Optimality and stability. IEEE/ACM Trans. Networking, 2010, 18(3): 844-857.

[5] Liu S, Başar T, Srikant R. TCP-Illinois: A loss and delay-based congestion control algorithm for high-speed networks. In Proc. of First International Conference on Performance Evaluation Methodologies and Tools(VALUETOOLS), Pisa, Italy, 2006.

[6] Xu W, Zhou Z, Pham D T, et al. Hybrid congestion control for high-speed networks. Journal of Network and Computer Applications, 2011, 34(4): 1416-1428.

[7] Wei D X, Jin C, Low S H, et al. FAST TCP: Motivation, architecture, algorithms, performance. IEEE/ACM Transactions on Networking, 2006, 14(6): 1246-1259.

[8] Jain R, Chiu D M, Hawe W. A quantitative measure of fairness and discrimination for resource allocation in shared systems. DEC TR-301, Littleton, MA: Digital Equipment Corporation, 1984.

[9] Cui T, Andrew L. FAST TCP simulator module for ns-2, version 1.1c. http://www.cubinlab.ee.mu.oz.au/ns2fasttcp, 2007.

[10] KOREN Future Network Test Bed. http://www.koren.kr/koren/eng/kil/apii_introduce.html?cate=4&menu=1, 2011.

图书资源支持

感谢您一直以来对清华大学出版社图书的支持和爱护。为了配合本书的使用，本书提供配套的资源，有需求的读者请扫描下方的“书圈”微信公众号二维码，在图书专区下载，也可以拨打电话或发送电子邮件咨询。

如果您在使用本书的过程中遇到了什么问题，或者有相关图书出版计划，也请您发邮件告诉我们，以便我们更好地为您服务。

我们的联系方式：

地　　址：北京市海淀区双清路学研大厦 A 座 714

邮　　编：100084

电　　话：010-83470236　010-83470237

资源下载：http://www.tup.com.cn

客服邮箱：tupjsj@vip.163.com

QQ：2301891038（请写明您的单位和姓名）

教学资源・教学样书・新书信息

人工智能科学与技术
人工智能|电子通信|自动控制

资料下载・样书申请

书圈

用微信扫一扫右边的二维码，即可关注清华大学出版社公众号。